L'AVENIR DU DYNAMISME

DANS LES

SCIENCES PHYSIQUES.

RÉFLEXIONS GÉNÉRALES

AU SUJET D'UN RAPPORT LU A L'ACADÉMIE ROYALE DES SCIENCES DE BELGIQUE,
PAR M. FOLIE, PREMIER COMMISSAIRE.

PAR

G.-A. HIRN.

PARIS,

GAUTHIER-VILLARS, IMPRIMEUR-LIBRAIRE

DU BUREAU DES LONGITUDES ET DE L'ÉCOLE POLYTECHNIQUE,

SUCCESSEUR DE MALLET-BACHELIER

Quai des Augustins, 55.

1886

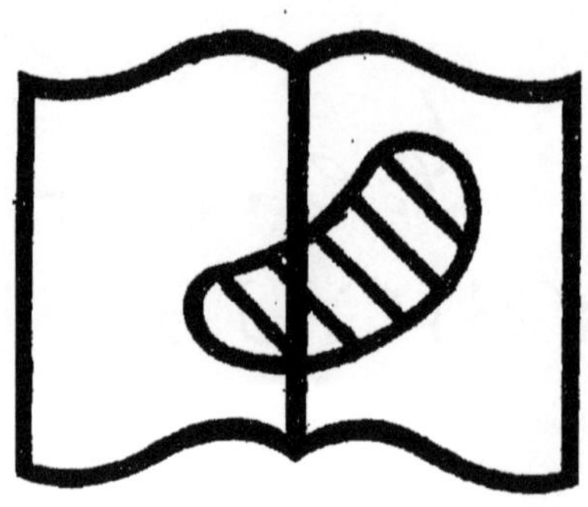

Illisibilité partielle

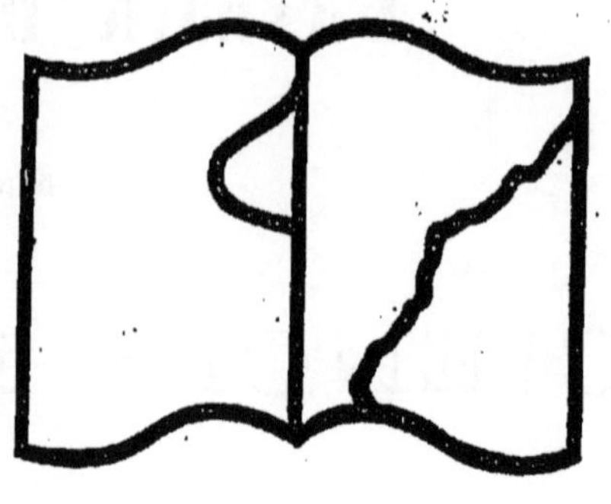

Texte détérioré — reliure défectueuse
NF Z 43-120-11

VALABLE POUR TOUT OU PARTIE DU DOCUMENT REPRODUIT

OUVRAGES DE G.-A. HIRN :

Théorie mécanique de la chaleur. — Exposition analytique et expérimentale de la Théorie mécanique de la chaleur. — IIIe édition, entièrement refondue. In-8°, grand raisin, avec figures dans le texte . . . . fr. c. 12 00

Tome I; 1875 . . . . 12 fr.
Tome II; 1876 . . . . 12 fr.

Analyse élémentaire de l'Univers. — In-8°, grand raisin; 1868 . . . . 10 00

Recherches expérimentales et analytiques sur la relation qui existe entre la résistance des gaz au mouvement des corps et leur température; *Conséquences physiques et philosophiques qui découlent de ces Expériences.* — Grand in-4°, avec 4 planches; 1882 . . . . . 6 00

Réflexions critiques sur la Théorie cinétique de l'Univers; *Réfutation scientifique du Matérialisme.* — In-4°; 1882 . . . . 2 00

Recherches expérimentales et analytiques sur les lois de l'écoulement et du choc des gaz en fonction de la température; *Conséquences physiques et philosophiques qui découlent de ces Expériences; Réflexions générales au sujet des Rapports de MM. les Commissaires-examinateurs de ce Mémoire.* — Grand in-4°, avec 3 planches; 1886 . . . . »

Nouvelle réfutation générale des Théories appelées cinétiques. — Grand in-4°; 1886 . . »

L'avenir du Dynamisme dans les Sciences physiques; *Réflexions générales au sujet d'un Rapport lu à l'Académie royale des Sciences de Belgique, par M. Folie, premier Commissaire.* — Grand in-4°; 1886 . . . . »

La notion de Force dans la Science moderne. — In-12; 1885 . . . . »

La Musique et l'Acoustique. — *Aperçu général sur leurs rapports et sur leurs dissemblances.* — Grand in-8°; 1878 . . . . 2 50

La Vie future et la Science moderne. — Grand in-8°; 1882 . . . . 2 50

Mémoire sur la théorie analytique élémentaire du Gyroscope. — In-4°; 1867 . . . . . »

Mémoire sur les conditions d'équilibre et sur la nature probable des Anneaux de Saturne. — In-4°, avec planches; 1872 . . . . 4 00

Le Monde de Saturne; *ses conditions d'existence et de durée*; suivi d'une *Note* relative à l'expérience du pendule de Foucault. — In-8°, avec planches; 1872 . . . . 1 50

Étude sur une classe particulière de tourbillons qui se manifestent, sous de certaines conditions spéciales, *dans les liquides.* Analogie entre le mécanisme de ces tourbillons et celui des trombes. — In-8°, avec 3 planches; 1878 . . . . 2 50

Introduction à l'étude climatérique et météorologique de l'Alsace. *Application de la Thermodynamique à l'explication de certains phénomènes de Météorologie.* — In-8°; 1870 . . . . »

Nouveau Baromètre mégamétrique, *propre à observer de très petites variations de la pression atmosphérique.* — 1874 . . . . »

Exposé et analyse de la Théorie du Soleil, de M. Faye. — 1864 . . . . »

Mémoire sur les propriétés optiques de la flamme des corps en combustion et sur la température du Soleil. — In-8°; 1873 . . . . 1 25

La conservation de l'Énergie solaire. — Grand in-8°; 1883 . . . . »

Notice critique sur la nouvelle Théorie du Soleil, de C.-W. Siemens. — In-4°; 1883 . . »

Exposé d'un moyen de déterminer la température des parties du Soleil inférieures à la photosphère. — Grand in-8°; 1885 . . . . »

Phénomènes dus à l'action de l'atmosphère sur les Étoiles filantes, sur les Bolides, sur les Aérolithes. — Grand in-8°; 1883 . . . . »

Actinomètre totaliseur absolu. — In-4°; 1884 . . . . 0 60

Notice sur les rougeurs crépusculaires *observées à la fin de 1883.* — In-8°; 1885 . . . . . . »

Essai sur la théorie mathématique des Ventilateurs. — In-8°, avec figures; 1844 . . . . Rare.

Notice sur le jaugeage des cours d'eau. — In-8°, avec figures; 1845 . . . . »

OUVRAGES DE G.-A. HIRN (*Suite*) :

	Fr. C.
Série d'Études sur les Lois et sur les Principes constituants de l'Univers. — In-8°; 1850.	»
Les Tables tournantes. — *Réflexions peu scientifiques en apparence sur une question peu scientifique au fond.* — 1853	»
Henri Loewel; *Analyse de ses travaux sur la sursaturation des dissolutions salines.* — In-8°; 1860.	»
Hans Christian Oersted; sa philosophie. — In 8°; 1860.	
Fantaisie *à propos des Photographies de Braun, à Dornach.* — In-8°; 1861	
Lectures sur la Thermodynamique; *Esquisse élémentaire de la Théorie mécanique de la chaleur et de ses conséquences philosophiques.* — In-8°; 1863	»
Mémoire sur la vitesse du flux nerveux dans la sensation et dans l'acte de la volition. — In-8°; 1867.	
Mémoire sur les Frottements; *Études sur les principaux phénomènes que présentent les Frottements médiats, et sur les diverses manières de déterminer la valeur mécanique des matières employées au graissage des Machines.* — Grand in-8°, avec planches; (1847)-1855	»
Mémoire sur l'utilité de l'Enveloppe à vapeur de Watt. — Grand in-8°, avec planches; 1855.	»
Mémoire sur la théorie et l'emploi de la Surchauffe dans les Machines à vapeur. — Grand in-8°, avec planches; 1856	»
Recherches sur l'Équivalent mécanique de la Chaleur; *Conclusions philosophiques générales; Essai de Métaphysique expérimentale.* — Grand in-8°, avec planches; 1857	»
Les Transmissions télodynamiques inventées par C.-F. Hirn, en 1850; *Théorie et application.* — In-8°; 1858	»
Théorie de la machine à gaz de Lenoir. — In-8°; 1860.	»
Mémoire sur la Turbine Jonval; — (*Expériences et théorie*). — In-8°, avec planches; 1862	»
Notice sur l'utilité de l'Arithmomètre. — In-8°; 1863.	2 00
Mémoire sur la Thermodynamique; *Recherches expérimentales et analytiques sur la dilatation et sur la capacité calorifique de quelques liquides très volatils à des températures élevées.* — In-8°, avec planches; 1867	5 00
Sur les méthodes propres à déterminer la quantité d'eau entraînée par la vapeur. — In-8°; 1869.	»
Note sur les variations de la capacité calorifique de l'eau, *vers le maximum de densité.* — In-4°; 1870.	1 00
Théorie analytique élémentaire du Planimètre Amsler. — Grand in-8°, avec planches, 1875.	2 50
Les Pandynamomètres; *Théorie et application.* (Pandynamomètre de torsion et Pandynamomètre de flexion). — In-18, jésus, avec 2 grandes planches; 1876.	2 00
Notice sur la mesure des quantités d'électricité. — In-4°; 1879.	0 60
Réflexions critiques sur les Expériences concernant la chaleur vitale chez l'homme. — In-4°; 1879.	0 75
Explication d'un paradoxe apparent d'Hydrodynamique. — In-8°, avec figures; 1881	1 00
Thermodynamique appliquée; Réfutation d'une critique de M. G. Zeuner, directeur de l'École polytechnique de Dresde. — Grand in-8°; 1882	2 00
Thermodynamique appliquée; Réfutation d'une seconde critique de M. G. Zeuner, *concernant les Travaux des Ingénieurs alsaciens sur les Machines à vapeur.* — Grand in-8°; 1883.	2 00
Remarques relatives à une critique de M. G. Zeuner. — In-4°; 1883.	0 60
Notice biographique sur O. Hallauer. — In-4°; 1884	»
Notice sur les lois du Frottement. — In-4°; 1884	»
Recherches expérimentales sur la limite de la vitesse que prend un gaz quand il passe d'une pression à une autre plus faible. — In-8°, avec planches; 1886	»

L'AVENIR DU DYNAMISME

DANS LES

SCIENCES PHYSIQUES.

(Extrait des *Mémoires de l'Académie royale de Belgique*, t. XLVI, 1886.)

Bruxelles. — F. Hayez, imprimeur.

L'AVENIR DU DYNAMISME

DANS LES

SCIENCES PHYSIQUES.

RÉFLEXIONS GÉNÉRALES

AU SUJET D'UN RAPPORT LU A L'ACADÉMIE ROYALE DES SCIENCES DE BELGIQUE,
PAR M. FOLIE, PREMIER COMMISSAIRE.

PAR

G.-A. HIRN.

PARIS,

GAUTHIER-VILLARS, IMPRIMEUR-LIBRAIRE

DU BUREAU DES LONGITUDES ET DE L'ÉCOLE POLYTECHNIQUE,

SUCCESSEUR DE MALLET-BACHELIER

Quai des Augustins, 55.

1886

TABLE ANALYTIQUE

DES

MATIÈRES CONTENUES DANS CE TRAVAIL.

INTRODUCTION.

Réflexions générales au sujet d'un Rapport lu à l'Académie royale des Sciences de Belgique, par M. Folie, premier commissaire.

FIN DE LA TABLE DES MATIÈRES.

L'AVENIR DU DYNAMISME

DANS

LES SCIENCES PHYSIQUES.

INTRODUCTION.

Les pages suivantes sont tirées de la dernière Partie d'un travail de Physique expérimentale, très étendu, sur l'écoulement et sur le choc des gaz, que l'Académie de Belgique m'a fait l'honneur d'insérer dans ses Mémoires [1]. Bien qu'elles revêtent la forme d'une réponse faite à l'un des trois Commissaires qui ont bien voulu se charger de l'examen de mon travail, elles constituent de fait un exposé de Doctrine défini, que, par cette raison, j'ai cru devoir offrir aussi séparément au public savant. Cet Exposé formera un ensemble naturel avec la « RÉFUTATION SCIENTIFIQUE DU MATÉRIALISME [2] »,

1 RECHERCHES EXPÉRIMENTALES ET ANALYTIQUES SUR LES LOIS DE L'ÉCOULEMENT ET DU CHOC DES GAZ EN FONCTION DE LA TEMPÉRATURE; CONSÉQUENCES PHYSIQUES ET PHILOSOPHIQUES QUI DÉCOULENT DE CES EXPÉRIENCES; présentées à la Classe des Sciences de l'*Académie royale de Belgique*, dans sa séance du 11 octobre 1884, et publiées dans ses Mémoires, t. XLVI, 1885. — Ce travail se trouve, tiré à part, chez M. Gauthier-Villars, à Paris.

2 RÉFLEXIONS CRITIQUES SUR LA THÉORIE CINÉTIQUE DE L'UNIVERS; RÉFUTATION SCIENTIFIQUE DU MATÉRIALISME. — Tirage à part de la fin du Mémoire : RECHERCHES EXPÉRIMENTALES ET ANALYTIQUES SUR LA RELATION QUI EXISTE ENTRE LA RÉSISTANCE DES GAZ AU MOUVEMENT DES CORPS ET LEUR TEMPÉRATURE; CONSÉQUENCES PHYSIQUES ET PHILOSOPHIQUES QUI DÉCOULENT DE CES EXPÉRIENCES; publié dans les *Mémoires de l'Académie royale des Sciences, des Lettres et des Beaux-Arts de Belgique*, t. XLIII, 1882, et déposé chez M. Gauthier-Villars, à Paris, et chez M. Barth, à Colmar.

avec la « Nouvelle réfutation générale des Théories appelées Cinétiques [1] », et enfin avec la « Notion de Force dans la Science moderne [2] ».

Dans les divers écrits précédents, j'ai fait tous mes efforts pour atteindre le degré de clarté que comportent des questions aussi difficiles que celles que j'ai osé traiter, et j'espère avoir réussi, dans la mesure du possible, à les rendre accessibles à la majorité des personnes qui s'occupent un peu sérieusement de la Philosophie des Sciences. — Je dis : dans la mesure du possible. Il existe en effet sur ce domaine une limite qu'il ne sera jamais donné à qui que ce soit de franchir, car elle tient à la nature même des choses. Quelques réflexions me seront permises à ce sujet. Je les ferai en toute sincérité et sans aucune réticence, au risque même de passer pour *tranchant*.

Dès qu'il s'agit de discuter les causes des phénomènes naturels, dès qu'on débat les questions de Matière, de Force, de Vie, d'Élément animique, beaucoup de personnes se récusent, en disant que la tentative est vaine et chimérique. Cet aveu d'impuissance est correct sous une face, cela est incontestable; mais sous une autre face bien plus étendue, il a pour point de départ une fausse appréciation des choses, une confusion continue entre les faits purs et simples et les hypothèses, confusion de laquelle il résulterait directement qu'en ce qui concerne la Constitution élémentaire de l'Univers, un savant ne saurait pas un mot de plus aujourd'hui qu'il y a trois mille ans. Ne craignons pas de le dire, cet aveu n'est fort souvent au fond qu'un prétexte pour nier ce que l'on ne comprend pas, et par cette seule raison qu'on ne comprend pas. Il y a, à mon sens, autant d'affectation hypocrite

1 Nouvelle réfutation générale des Théories appelées Cinétiques. — Tirage à part de la IXe Partie du *Mémoire de 1885* sur l'écoulement et sur le choc des gaz, cité plus haut. Paris, Gauthier-Villars.

2 La Notion de Force dans la Science moderne, parue dans la *Revue scientifique*, dirigée par M. Ch. Richet, t. XXXVI, août 1885. Ce travail, tiré à part à un petit nombre d'exemplaires, se trouve, en dépôt, au Bureau de la *Revue*, 111, boulevard Saint-Germain, à Paris.

à se donner l'air de tout ignorer qu'il y a de vanité impertinente à prétendre tout savoir. Le caractéristique du savant sensé, c'est d'aller jusqu'à la limite du possible, sans essayer de la franchir.

Nous ne pouvons nous faire aucune idée de l'essence, de la *manière d'être* des Éléments de l'Univers; nous ne pouvons concevoir *comment sont* la MATIÈRE, la FORCE, *comment est* notre propre ESSENCE PENSANTE. Nous ne pouvons pas plus concevoir comment ces divers Éléments agissent les uns sur les autres. Par cette raison, les termes mêmes d'Éléments dont je me sers me feront accuser par bien des personnes de supposer *a priori* résolu ce qui serait à démontrer. Pour arriver à la connaissance scientifique du monde externe, nous avons besoin de nos sens, augmentés encore en puissance par des appareils spéciaux, appropriés à chaque genre de phénomène; en d'autres termes, nous avons besoin d'instruments de perception *ad hoc;* pour penser même, nous avons besoin du cerveau dans toute son intégrité, c'est-à-dire d'un instrument où viennent d'abord se concentrer et puis s'élaborer toutes les impressions, toutes les perceptions venues du dehors. Or ces divers instruments sont construits eux-mêmes avec les Éléments constitutifs du milieu qui nous entoure; ils fonctionnent moyennant l'activité réciproque de ces Éléments entre eux. Par ce fait même, ils ne peuvent nous conduire à aucune idée nette de la manière d'exister de chacun des Éléments considérés séparément. — Chercher à résoudre de tels problèmes, c'est donc en effet faire preuve d'inanité, c'est donner bien réellement la chasse aux chimères, disons beaucoup plus poliment, c'est tenter l'impossible. Telle est cependant tout aussi certainement la limite tracée à notre puissance d'investigation. Tout ce qui se trouve en deçà de cette limite, nous pouvons le tenter, avec la ferme certitude que ce que nous ne saurons atteindre aujourd'hui, nous serons à même de l'atteindre demain; car nous nous trouvons de nouveau en plein sur le domaine de l'expérience. Poser en principe que nous ne pouvons pas scientifiquement constater l'existence distincte et réelle de tel ou tel Élément, en déterminer les propriétés, les attributs; que nous ne pouvons pas, par l'élimination successive de toutes les interprétations erronées, parvenir à savoir, non sans doute *ce qu'est* tel agent naturel, mais *ce qu'il n'est pas*, à en déterminer le mode d'action et le rôle, c'est nier par trop arbitrairement la puissance que nous donne l'étude correcte et impartiale des faits. Je vais mettre, j'espère, ce qui précède en évidence par l'examen d'une des plus grandes découvertes dont puisse se glorifier l'esprit humain, et par celui de quelques autres problèmes d'un ordre de plus en plus élevé.

On entend journellement dire que c'est par une *hypothèse hardie* que Newton est arrivé à la connaissance de la gravitation universelle. Quelques personnes, allant encore beaucoup plus loin, soutiennent que l'attraction Newtonienne, aussi bien que la Force en général, n'est qu'une hypothèse. Il n'est guère possible, d'une part, d'apprécier d'une façon plus inexacte le développement d'une grande idée, et, d'autre part, de commettre une méprise plus complète sur le vrai sens des mots.

Depuis que l'on sait que la Terre est sphérique, on a été obligé de reconnaître que les corps placés à sa surface tendent de toutes parts vers elle; que ce qu'on appelait haut et bas est relatif à chaque point de la surface terrestre; que quand un corps tombe, ce n'est pas, par suite, de haut en bas, mais que c'est suivant la direction de chaque verticale qu'il se meut. Pour Newton, il était évident que ce qui donne aux corps leur poids n'est point une vertu propre à chacun isolément, mais doit dériver d'une cause qui les met en rapport avec toute la masse terrestre. Il s'est demandé jusqu'à quelle hauteur cette cause agit; il s'est demandé si la Lune qui tourne autour de la Terre n'est pas elle-même *pesante*, si elle *ne pèse pas vers notre sphère*. Un calcul très simple, relatif à la force centrifuge que possède la Lune par suite de son mouvement curviligne, lui a appris que l'intensité de la pesanteur diminue à mesure qu'on s'éloigne de notre globe et que pour maintenir la Lune sur son orbite il fallait que son poids fût réduit au $\frac{1}{3600}$ environ, c'est-à-dire qu'il diminuât comme croissent les carrés des distances au centre de gravité de la Terre. Ayant étendu ce mode de calcul aux Planètes, NEWTON reconnut que celles-ci aussi doivent *peser vers le Soleil*, comme la Lune pèse vers la Terre, et exactement suivant la même loi quant aux distances. En tout cela, on ne peut voir que l'illumination du génie; d'hypothèse, il n'y en a pas une trace. L'hypothèse n'eût commencé que si NEWTON avait voulu *expliquer* la pesanteur; mais il s'en est bien gardé. Il s'est borné à dire qu'entre deux corps qui tendent l'un vers l'autre, il fallait bien qu'il se trouvât quelque chose, « car pour » admettre que l'action réciproque des deux corps s'exerce à travers le vide, » il faudrait, dit-il, être dénué de toute aptitude à une discussion philoso- » phique sérieuse. » S'il s'énonçait ainsi, ce n'était certes pas parce qu'il ne comprenait pas le vide (pour l'homme, qui *ne peut rien créer*, le vide est, hélas! plus facile à comprendre que le plein), s'il s'énonçait ainsi, c'est au contraire parce qu'il comprenait parfaitement qu'un vide réel ne pourrait transmettre une action sur quelque chose de réel.

NEWTON a dit très prudemment que les choses se passent *comme si* les corps s'attiraient. Depuis l'expérience de CAVENDISH, une pareille prudence serait un contre-sens, et l'attraction est rentrée dans le domaine des faits acquis, purs et simples. Je ne pense pas qu'aujourd'hui il se trouve un seul Astronome qui attache au mot attraction un sens explicatif et qui, par suite, en vienne à confondre un fait avec une hypothèse.

L'attraction Newtonienne est un fait, comme l'attraction ou la répulsion des pôles d'un aimant, comme l'attraction ou la répulsion de deux corps électrisés. L'hypothèse ne commence que quand nous nous mettons à expliquer ces faits. Suit-il maintenant de là que nous ne puissions faire un pas de plus vers la cause de ces faits? Que nous ne puissions pas, sans passer sur le domaine de l'incognoscible, différencier et dénommer correctement *ce qui tend* l'un vers l'autre et *ce qui le fait* tendre? — Poser une telle négation, ce serait, disons-le bien haut, aller à un excès aussi peu justifiable que celui que nous commettons en prétendant traduire en mots l'essence même des objets que nous poursuivons.

Entre deux corps A et B qui tendent l'un vers l'autre, il se trouve quelque chose qui détermine cette tendance. Ce quelque chose échappe sans doute à nos sens, mais il n'échappe en aucune façon à l'investigation scientifique. Cette investigation nous apprend de la façon la plus péremptoire qu'il n'y a aucune similitude de nature admissible entre *ce qui* constitue la masse de A et de B, et *ce qui* fait tendre A vers B. Que nous expliquions comme il nous plaira l'ensemble du phénomène, et quand bien même, entre autres, nous irions jusqu'à admettre comme juste l'explication baroque de Lesage, aujourd'hui parfaitement réfutée, cette différence reste un fait rigoureusement constaté. Nous pouvons donc et nous devons désormais la traduire par des termes appropriés. Si nous appelons Matière ce qui constitue la masse de A et de B, nous pouvons de plein droit appeler Force ce qui met ces masses dans un certain rapport spécial, et affirmer que la Force a une existence distincte et réelle, en dehors de la Matière. En procédant ainsi, nous restons sur le terrain des faits discutables, et aujourd'hui parfaitement discutés; et si sur ce terrain d'ailleurs, nous commettons une erreur, nous pouvons être assurés que des faits nouveaux et mieux étudiés la rectifieront tôt ou tard. Nous avons sans doute atteint la limite de ce qui est possible à notre intelligence; en essayant de la franchir, nous voyons s'ouvrir devant nous le royaume de l'incognoscible et de la chimère; mais, contrairement à ce que soutient une École, l'objet incognoscible est démontré comme réalité physique; son existence est mise scientifiquement hors de doute, et dès lors nous ne pouvons plus substituer le mot *hypothèse* au mot *fait*. En d'autres termes beaucoup plus clairs et plus simples, le milieu qui met en rapport d'attraction toutes les parties disjointes de la Matière tombe, en un sens même très étendu, sous l'empire de l'expérience et de l'observation. Nous n'avons dès lors plus le droit de le nier, de lui enlever son titre de FORCE, de l'appeler une hypothèse, par cette seule raison que nous n'en concevons pas l'essence.

Ce que nous venons de dire de la plus mystérieuse des Forces, de la gravitation, demeure, avec quelques changements dans les termes, correct quant à l'électricité et quant à la chaleur. Nous pouvons scientifiquement et en nous tenant strictement sur le terrain de l'expérience et de l'observation, parvenir à savoir si les phénomènes, dits des *impondérables*, relèvent ou non de la partie matérielle des corps; ayant une fois pour toutes constaté qu'il faut les attribuer à une SUBSTANCE absolument différente, nous pouvons encore faire un pas, et reconnaître si les phénomènes dynamiques auxquels donnent lieu les impondérables dérivent des mouvements propres de cette Substance, ou s'ils relèvent d'un autre attribut spécifique qui donne à cette Substance le caractère de Force. Nous pouvons en un mot, par l'élimination successive de toutes les hypothèses fautives, parvenir à savoir ce que ces Éléments ne sont pas. Selon moi, cette œuvre est accomplie; je la laisse toutefois modestement au futur, parce que je suis à ce sujet en désaccord avec le grand nombre. Mais nous nous trouvons ici sur le terrain solide de la Science proprement dite, et si je me trompe, je suis certain que je recevrai un jour ou l'autre un démenti formel. Faudrait-il maintenant renoncer à l'œuvre? En supposant le procès jugé, faudrait-il renoncer à appeler la Matière et la Force des Éléments distincts, faudrait-il appeler l'électricité elle-même une hypothèse, par cette seule raison que nous aboutissons à une grande inconnue finale, par cette seule raison que nous ne pouvons point concevoir l'essence de ces Éléments? — C'est, j'aime à le croire, ce qu'aucun Physicien ne consentira à dire.

Allons beaucoup plus loin. Élevons-nous au sommet de l'échelle des existences.

Une École toute entière nous apprend que c'est notre cerveau qui pense et qui nous fait *nous*. Une autre École soutient qu'il existe un Élément spécifique qui constitue notre *nous*, mais qui pour penser a besoin d'un organe, un Élément directeur qui moyennant les Forces du monde physique donne lieu au développement de tout notre être organique avec tous ses attributs. Laquelle a raison de ces deux Écoles? — Un grand incognoscible nous attend au bout de nos recherches, cela est certain. Devons-nous pour cela ne pas chercher? Cet incognoscible nous jette-t-il en dehors du domaine de la Science positive? — Assurément non. Une suite de questions préalables se présentent ici. Peut-on avec les seules Forces du monde physique bâtir une cellule organique? — Étant bâtie une cellule, peut-on avec ces seules Forces construire un organe appelé à des fonctions déterminées à l'avance? — Étant construit cet organe, peut-on, toujours avec ces seules Forces, construire un organisme entier, appelé, non à une seule fonction, mais à tout un ensemble de fonctions dont les unes sont d'une nature absolument distincte de celle des autres? — Ce sont là autant de questions, non de Philosophie transcendante, mais de Laboratoire de *Physique expérimentale*. — J'insiste sur cette dernière expression, et je ne dis même pas Physiologie expérimentale. Si de ce Laboratoire, en effet, nous ne pouvons rien tirer de vivant, nous serons bien obligés de reconnaître qu'un Élément supérieur est indispensable, non seulement pour *fabriquer* un homme, mais pour construire la plus minime cellule organique. La question entre les deux Écoles sera jugée définitivement.

Selon moi encore, cette œuvre toute scientifique est accomplie (cette fois, du moins, j'ai un grand nombre d'adhérents, mais à la condition assez étrange de supprimer le mot *scientifique!!*). — Faudrait-il renoncer à l'œuvre, parce que, ici encore, nous nous trouvons en face d'un incompréhensible final? Parce que jamais aucun de nous ne se fera une idée nette de sa propre Essence animique, ni de sa manière d'agir sur les Éléments ambiants? — C'est, je pense, ce qu'aucun homme sensé ne consentira à admettre; un bon nombre d'entre nous, et les plus sensés peut-être, se tiendront pour satisfaits de voir démontrée, ne fût-ce que l'existence de cet incompréhensible : les déductions qui en découlent étant suffisamment nombreuses et claires, sans aller au delà.

Allons beaucoup plus loin; élevons-nous immensément plus haut.

Une École toute entière soutient que la Matière, avec la totalité de ses mouvements, a existé de toute éternité, et que c'est du hasard de ces mouvements qu'est sorti l'Univers que nous avons devant nous, avec la multiplicité des êtres qui le composent. Une autre École, plus toute la partie croyante de nos Sociétés civilisées, soutient que la Substance de l'Univers, en d'autres termes et scientifiquement parlant, que la Matière, les Forces, la Vie tout au moins en virtualité, ont apparu à un moment donné, si reculé qu'on veuille d'ailleurs. — Laquelle a raison de ces deux Écoles? — Il s'agit ici d'une question de faits, pure et simple, qui, quoi qu'on en puisse dire, est à la portée de la Science la plus sévère, la plus positive. Les plus grandes intelligences de tous les temps ont cherché une réponse; mais depuis deux siècles l'étude de la question a fait des progrès dont ne se doutent même pas les personnes qui s'arrêtent à la surface des choses et qui ne prennent pas la peine de comparer ce qu'on savait avec ce qu'on sait. Je dis : des progrès. Non sans doute encore vers une réponse ou une autre, mais dans l'épuration des méthodes de recherche, dans la substitution définitive des faits connus aux produits de notre imagination et à nos systèmes. J'ai montré récemment que la question est abordable mathématiquement et peut recevoir une réponse définie [1]. Aucun matérialiste n'a su réfuter l'argument que j'ai produit; mais je passe outre et je me borne à dire que la question sera résolue par l'observation et l'étude stricte des faits. Elle sera résolue, que ce soit demain ou dans quelques siècles, peu importe. En m'énonçant ainsi, je suis sûr de n'être démenti par aucun homme de Science, si réservé qu'il puisse être.

A quoi nous fera aboutir pourtant la solution de cette question de fait, des plus nettes, des plus précises ? — A un grand incognoscible.

Supposons par hypothèse (en ce sens le terme est permis), supposons par hypothèse que la Substance de l'Univers ne soit pas éternelle. L'existence d'une Puissance créatrice nous sera désormais démontrée scientifiquement; nulle négation ne sera plus permise. L'existence de l'Être vers lequel la pensée des croyants ne s'est élevée jusqu'ici que sur l'aile de la foi, sera mise hors de doute par la Science la plus solide. — Cet Être pourtant, ainsi démontré, n'en demeurera pas moins l'éternel incognoscible. Nous savants, nous ne comprendrons quoi que ce soit de plus à sa nature que l'enfant qui balbutie sa première prière. — Aurait-il fallu par cette raison renoncer à la poursuite de notre problème scientifique? — C'est, je le pense du moins, ce qu'aucun homme sensé non plus n'osera soutenir. La Science, sans doute, nous a fait aboutir à un incompréhensible final; mais l'existence démontrée de cet incompréhensible devient l'assise scientifique de toutes les lois morales des Sociétés civilisées : lois dont aujourd'hui, il faut bien l'avouer, les esprits forts ne tiennent guère compte que par égard pour les

[1] La Vie future et la Science moderne; paru dans la *Revue d'Alsace*, fondée et dirigée par M. J. Liblin, XXXIIe année 1882, et déposé, en tirage à part, chez M. Gauthier-Villars, à Paris, et chez M. Barth, à Colmar.

esprits faibles, et un peu par peur. La constatation scientifique de l'existence d'un incognoscible ne sera certes pas sans une utilité pratique des plus palpables.

Je résume très brièvement et très nettement ma pensée.

Toutes nos Sciences, les plus certaines, les Mathématiques mêmes, aboutissent à des incognoscibles finaux. Mais ceci n'enlève en rien à ces Sciences leur caractère de certitude, pourvu que nous ne perdions pas notre temps à vouloir pénétrer ce qui est impénétrable, pourvu que nous nous bornions à en constater l'existence réelle. Ce n'est pas parce que nous ne comprenons ni l'essence de la Matière, ni celle de la Force, que nous ne pouvons pas distinguer ces Essences et les étudier expérimentalement.

Un des immenses progrès de nos Sciences physiques a été précisément de faire passer sur le domaine expérimental des problèmes qui jadis ne se trouvaient que sur celui de l'imagination.

RÉFLEXIONS GÉNÉRALES

au sujet d'un Rapport lu à l'Académie royale des Sciences de Belgique par M. Folie, premier Commissaire.

Je commence par remercier mes Confrères, qui ont bien voulu se charger de l'examen de mon travail, pour la bienveillance extrême qu'ils me montrent tous trois dans leurs Rapports et pour la patience qu'ils ont mise à m'étudier. Je sais par expérience combien est fatigante la lecture d'un manuscrit de 300 pages, si lisiblement écrit qu'il soit; je sais combien doit à la longue paraître fastidieuse la description minutieuse d'expériences dont les garanties d'exactitude reposent sur une foule de petits détails en apparence insignifiants. — Il y a unanimité chez mes trois juges, quant à la partie expérimentale, et je ne puis qu'être heureux de l'éloge qu'ils veulent bien en faire. En ce qui concerne les conclusions que je tire de mes recherches, il y a hésitation sur le jugement à porter, chez deux d'entre eux, M. Van der Mensbrugghe et mon excellent ami Melsens; le jugement du premier commissaire, M. Folie, est au contraire franchement critique; mais, je me hâte de le dire, la critique et la réfutation sont encore si bienveillantes et si remplies d'urbanité qu'elles équivalent presque à un éloge. Je pourrais donc à la rigueur m'abstenir de toute réflexion ultérieure et laisser au temps le soin de faire son œuvre, c'est-à-dire de montrer de quel côté est décidément une partie au moins de la vérité.

Je dis : laisser au temps..... Dans le courant actuel des idées, un très petit nombre de savants luttent avec moi contre le flot; nous n'aurons certes pas le sort du jeune indiscret du Temple de Saïs, mais je suis tout aussi certain que pour ma part je n'assisterai plus au triomphe de la Doctrine à laquelle, selon moi, appartient l'avenir. — Au cas particulier des conclusions physiques du Mémoire cité en note, p. 1, la question cependant ne se présente pas avec le caractère de généralité que suppose ma dernière phrase; il s'agit au fond d'une théorie spéciale de la constitution des gaz, très abordable, à mon avis, avec les moyens dont nous disposons déjà. M. Folie ne m'en voudra certainement pas si j'essaie de démontrer que je n'ai commis aucune erreur dans l'analyse des phénomènes; je m'empresse d'ailleurs de dire qu'il se trouve ici entièrement hors de cause, en ce sens que j'avais à l'avance tenu compte de l'objection qui m'est faite, et que j'ai eu le tort de ne pas la présenter moi-même dans mon exposé. Toutefois, un préambule m'est ici nécessaire et, si long qu'il devienne, on voudra bien me le pardonner.

Je m'arrête à un premier fait qui m'a frappé dans la lecture des Rapports de mes Confrères. Tous trois me mettent en opposition formelle avec M. Clausius ; tous trois en appellent à une lutte entre lui et moi.

« On sait la noble passion qui anime M. Hirn dans les efforts ardents » qu'il fait, depuis bien des années, pour arriver à renverser cette Théorie » (la théorie cinétique des gaz), récemment édifiée, grâce surtout aux travaux de M. Clausius et de Maxwell. » (M. Folie.)

« J'appelle de tous mes vœux le jour où l'un de ces promoteurs (de la » Cinétique), par exemple notre illustre associé M. Clausius, voudra répondre » à M. Hirn, au grand profit de la Science et au grand honneur de la Classe » des Sciences devant laquelle le débat solennel a été porté il y a deux » ans. » (M. Van der Mensbrugghe.)

« On me permettra d'exprimer mes vifs regrets de voir que cette lutte » courtoise entre deux grandes illustrations scientifiques, nos associés, et » bien d'autres savants éminents encore, ait été différée si longtemps, et je » l'appelle de tous mes vœux et de toutes mes forces. » (M. Melsens.)

En dépit de la pointe de malice qui perce chez le second de mes juges, je ne puis qu'être fier et presque orgueilleux des termes dans lesquels ils expriment leurs vœux. — Et pourtant, je l'avoue, je ne puis aussi que regretter une pareille mise en demeure : à un point de vue personnel et au point de vue beaucoup plus important de la Science.

Je me place d'abord au point de vue personnel, très secondaire sans doute. Assurément j'appelle aussi de tous mes vœux la lumière sur la question en litige ; mais sans y mettre aucune fausse modestie, aucune humilité affectée, je fais remarquer qu'il se pourrait que je fusse le défenseur trop faible, ou inhabile, d'une cause fort juste au fond et qu'ainsi je nuirais à la Doctrine que je prétends défendre. — Et puis, considération déjà plus importante, quoique encore personnelle : pour la grande majorité du public, même au courant des découvertes modernes, la Thermodynamique se confond encore à l'heure qu'il est avec les théories hypothétiques que l'on a bâties sur la constitution des corps en général et sur la nature de la Force. On oublie que M. Clausius a démontré la seconde Proposition de la Thermodynamique et édifié les équations les plus importantes de cette Doctrine, en dehors de toute hypothèse. Il ne m'en voudra certes pas, quand je dirai que c'est là un de ses plus grands titres. — Il n'en est pas moins certain qu'aux yeux du public dont je parle, le fait de mon prétendu antagonisme avec M. Clausius en matière d'hypothèses cinétiques entrainera l'idée d'un antagonisme en Thermodynamique, si absurde que serait celui-ci. Et, en définitive, je risque de passer pour m'attaquer à l'évidence.

Mais je me place surtout au point de vue scientifique même.

L'énoncé, formulé aussi nettement, d'un antagonisme, a pour résultat inévitable de faire admettre que si, par exemple, M. Clausius me trouvait en défaut comme algébriste dans mon exposition, la Théorie cinétique en général, et non pas seulement celle des gaz, serait justifiée, et que par contre-coup toute la Doctrine que je défends s'écroulerait sur sa base. Il a de plus le tort grave de donner une amplitude beaucoup trop grande, et inexacte, à la divergence qui existe *réellement* entre M. Clausius et moi sur une question très limitée. — Pour ramener les choses à leurs vraies proportions, je vais essayer de spécifier aussi clairement qu'il me sera possible la Doctrine que je défends depuis longtemps, et celle que j'attaque et que j'ai à plusieurs reprises qualifiée comme la plus grande erreur de notre époque; je montrerai ensuite facilement en quels points je me sépare de M. CLAUSIUS et de MAXWELL, en quels points au contraire ces savants affirment implicitement ce que je considère comme l'expression de la vérité. Le lecteur reconnaîtra avec quelque étonnement peut-être que certains cinétistes sont beaucoup plus formellement en contradiction avec les théories exposées par M. CLAUSIUS et par MAXWELL que je ne le suis moi-même; et si je n'étais par caractère ami de la concorde, je dirais qu'ils s'expriment même à l'égard de ces dernières théories avec un sans-façon que je ne me permettrais pas à l'égard de Doctrines qui me sembleraient bien moins dignes d'attention.

§ I.

Deux Propositions de Mécanique se trouvent aujourd'hui en antagonisme.

Le mouvement de la Matière ne peut naître que d'un mouvement antérieur et que par contact immédiat de Matière à Matière.

Conséquence. — *La somme totale des mouvements effectifs rapportés aux masses correspondantes, en d'autres termes, la somme totale des forces vives effectives dans l'Univers est une constante depuis l'origine des choses.*

Le mouvement ne naît jamais directement d'un mouvement antérieur et par contact immédiat de Matière à Matière. Il relève toujours de l'action d'un Élément spécifiquement distinct de la Matière, que cet Élément en soit d'ailleurs séparable ou non.

Conséquence. — *La somme des forces vives effectives et du travail disponible ou potentiel est seule une constante.*

Voilà certes deux affirmations aussi opposées que la nuit et le jour. On a coutume de dire que de telles affirmations rentrent dans le domaine exclusif de la Métaphysique, c'est-à-dire, pour beaucoup de personnes, dans le pays des rêves. On cite alors à l'appui de cette opinion la parole de Newton : « Physique, débarrasse-moi de la Métaphysique ». En y regardant d'un peu plus près, il est aisé de constater qu'il s'agit au contraire ici d'une question de Physique-Mécanique élémentaire, qu'il n'est pas plus profitable pour la vraie Science de convertir en une discussion de Philosophie transcendante que d'en faire l'objet d'une récréation de hautes Mathématiques. Il s'agit d'un problème qui tombe sous le sens commun et sous le bon sens de toutes les personnes qui, s'étant mises en possession des principales données de nos Sciences expérimentales modernes, savent se détacher de l'esprit de système ou des traditions d'école.

Selon la première affirmation, la pesanteur des corps, ou, pour mieux dire, tout l'ensemble des phénomènes de la gravitation universelle relèveraient de particules matérielles invisibles douées de vitesses excessives, qui pousseraient les unes vers les autres d'autres particules, de façon à les forcer à se constituer en corps, et qui forceraient ces corps eux-mêmes à tendre les uns vers les autres. Selon la même affirmation, les attractions et répulsions magnétiques, électriques, relèveraient de même du mouvement de particules matérielles échappant absolument à nos sens, et poussant dans un sens ou dans l'autre les corps aimantés ou électrisés, qui nous *semblent* s'attirer ou se repousser, etc., etc., etc.

Selon la seconde affirmation, les phénomènes d'attraction et de répulsion entre deux points matériels distincts résulteraient de l'action d'un Élément spécifique, appelé FORCE; qu'il s'agisse de la gravitation, du magnétisme, de l'électricité, du calorique, de la cohésion, de l'affinité chimique.....

La première affirmation est fort ancienne; elle a sans doute bénéficié considérablement des progrès de nos Sciences physiques et s'est formulée de plus en plus clairement; mais elle se trouve exposée déjà avec la plus grande netteté, par exemple dans le poème « DE LA NATURE DES CHOSES » de LUCRÈCE [1]. Dans les temps modernes, l'opinion publique, à tort ou à raison

[1] A l'appui de cette assertion, je devrais pouvoir citer ici les Chants II et III tout entiers du curieux poème de LUCRÈCE. Nos cinétistes actuels peuvent y apprendre, à leur assez grande mortification peut-être, comment déjà à l'époque de LUCRÈCE on bâtissait un corps solide, ou liquide, ou gazeux, avec des atomes en mouvement; ils peuvent y voir comment à l'aide d'un esprit d'invention qui ne recule devant rien, le poète surmonte des difficultés qu'eux ne savent qu'éluder sans les résoudre. — Nos philosophes surtout, qui s'imaginent pouvoir être impunément matérialistes purs dans l'interprétation des phénomènes du monde physique, sans cesser pour cela d'être spiritualistes purs dans l'interprétation des phénomènes du monde humain, nos philosophes, dis-je, reconnaîtront qu'aux yeux du poète latin, une pareille prétention n'est qu'une illusion ou une hypocrisie; ils verront qu'un esprit logique, et conséquent avec lui-même, qui sait construire un corps quelconque avec des atomes en mouvement, est amené forcément à admettre que notre Ame aussi n'est qu'un assemblage de billes, bien sphériques, bien polies, en état de mouvement incessant.

(je pense : à tort), l'a en quelque sorte incarnée dans l'un des plus puissants génies du dix-septième siècle, en DESCARTES. La seconde affirmation, au contraire, n'a été que rarement énoncée avec précision et ne s'est que très peu perfectionnée à travers le cours des siècles, quoiqu'elle soit à beaucoup près la plus naturelle. Elle devrait, à ce qu'il semblerait, se trouver intégralement chez le génie qui a découvert les lois de la gravitation universelle. Assez net et hardi d'abord, NEWTON cependant paraît avoir été saisi d'une sorte de crainte en présence des idées de la majorité des penseurs de son temps, et il s'est finalement presque rangé du côté des partisans de la *doctrine de l'impulsion*. Dans l'examen qu'il fait des opinions philosophiques de NEWTON [1], D'ALEMBERT s'exprime, sur le fond même de la discussion, avec une prudence et en même temps avec un courage et un bon sens qui font honneur à ce grand esprit du dix-huitième siècle; et si l'on y regarde avec équité, on reconnaîtra que c'est lui qui, dans le passé, a donné le caractère le plus indélébile à cette seconde affirmation, à la Doctrine qui admet la FORCE comme une *réalité physique*. Ce sera un jour la gloire de ce dix-huitième siècle, tant accusé d'impiété, d'avoir fourni impartialement aux âges suivants les plus beaux arguments contre les idées de négation qu'on lui prête. — Mais je n'ai point à faire ici l'histoire de nos deux affirmations contraires; cette lacune sera bientôt forcément comblée, je dirai de suite en quelle occasion. Je n'ai pas non plus à revenir sur une justification pleine et entière de la seconde affirmation. Si par mes travaux, je n'ai pas réussi, du moins dans de certaines limites, à convaincre les esprits, je dois me résigner et laisser, comme je l'ai dit, le temps faire son œuvre. Je ne m'arrêterai qu'à l'une des faces de la question, que j'ai négligée dans mes travaux antérieurs.

Quelque généralement acceptée que soit aujourd'hui la première affirmation, on concède cependant encore qu'elle ne repose que sur une ou plusieurs hypothèses; mais on place alors de suite la seconde affirmation sur la même ligne et l'on dit qu'elle est aussi exclusivement hypothétique. Il est pourtant facile de reconnaître que ceci est inexact.

1 ENCYCLOPÉDIE DU XVIIIe SIÈCLE, t. I, p. 854.

La tendance des corps les uns vers les autres, la *gravitation*, a été, par l'expérience de CAVENDISH, tirée du domaine des hypothèses et réduite à l'état de fait. La tendance des corps de notre système solaire les uns vers les autres est de même un fait et nullement une hypothèse, comme tant de personnes se l'imaginent encore de nos jours. A la surface de notre Terre, nos sens ne nous révèlent la présence de quoi que ce soit de matériel qui puisse expliquer le poids qu'ont pour nous les corps détachés de la Terre, en d'autres termes, la tendance qu'ont sans cesse ces corps à tomber. A mesure que la Mécanique céleste se perfectionne, l'Analyse mathématique des phénomènes astronomiques nous amène à exclure des Espaces interstellaires l'existence d'un milieu matériel quelconque [1] qui puisse expliquer le fait de la gravitation; tout au contraire. Comme d'un autre côté, un esprit sensé ne peut, *sans tomber dans l'absurde,* admettre une action à travers le vide (NEWTON), l'idée *naturelle* qui se présente à nous, c'est d'attribuer à un Élément spécifique, distinct en nature de la Matière, la tendance des corps les uns vers les autres, que nous appelons *attraction. Fausse* ou juste comme réalité physique, cette conclusion est rationnelle, naturelle, dégagée de tout caractère hypothétique. Quoi qu'on en ait pu dire, l'hypothèse ne commence que quand on prétend expliquer cette tendance par une *impulsion* de parties matérielles invisibles, échappant non seulement à nos sens, ce qui ne signifierait rien ici, mais échappant à toutes nos investigations expérimentales. Que cette conception des choses soit *juste* ou fausse, elle est, si l'on peut dire, *anti-naturelle; juste* ou fausse (je ne saurais trop insister sur ces deux épithètes), elle suppose un ensemble d'idées fausses préconçues. — Ce que je dis de la gravitation universelle s'applique mot pour mot aux actions à distance des corps aimantés, des corps électrisés, statiquement ou dynamiquement. Ici encore, l'idée naturelle, rationnelle, fausse ou juste d'ailleurs comme expression de la réalité des choses, c'est d'attribuer l'ensemble des phénomènes des impondérables à un ou à plusieurs Éléments spécifiques, distincts de la Matière en nature. La conception hypothétique, *anti-naturelle,* fausse ou juste d'ailleurs

[1] C'est ce qui se trouvera résumé dans l'Ouvrage auquel je travaille depuis plusieurs années (CONSTITUTION DE L'ESPACE STELLAIRE).

aussi, c'est la substitution des mouvements de particules matérielles invisibles à la notion de Force, comme explication des actions à distance.

La première affirmation est l'assise fondamentale du Matérialisme pur et conséquent avec lui-même : cela est évident. Aussi à notre époque, tous les chefs de l'École matérialiste ont-ils formellement banni de la Science la notion de Force pure. J'ai cité à plusieurs reprises quelques-uns des verdicts prononcés par eux.

Est-il possible, comme le pensent quelques personnes, de limiter cette première affirmation aux seuls phénomènes du monde physique, et d'en admettre une toute contraire pour les phénomènes du monde vivant? — Est-il possible d'être matérialiste pur dans l'Univers inanimé, et spiritualiste tout aussi pur dans l'Univers animé, ou bien plutôt, dans cette parcelle de l'Univers où s'agite l'humanité? — Assurément non. — J'ai à plusieurs reprises montré ce qu'il y a d'inconséquence à admettre une pareille possibilité. Si je n'ai pas réussi à convaincre, je dois encore une fois me résigner : ce n'est pas ici le lieu d'y revenir. Je me borne à dire qu'il n'y a pas eu un seul spiritualiste qui, ayant accepté l'affirmation matérialiste quant au monde physique, ne soit tombé un jour ou l'autre dans une contradiction flagrante ou dans une erreur regrettable. Pour me faire comprendre, je chercherai un exemple bien haut. Le grand esprit qui a affirmé l'Ame humaine en disant : « Je pense, donc je suis », n'était certes pas matérialiste, comme l'en ont accusé d'odieux fanatiques, ses persécuteurs; mais dans l'interprétation des phénomènes physiques, DESCARTES a substitué l'impulsion de particules matérielles à la Force proprement dite; c'est du moins ce que lui attribuent aujourd'hui ses admirateurs les plus passionnés. Il m'est bien permis d'en faire la remarque : quand quelqu'un éprouve le besoin de remuer quelque chose, c'est le grand nom de DESCARTES qu'on invoque sans trop s'inquiéter de savoir si l'invocation est bien légitime. Quoi qu'il en soit, ne craignons pas de le dire, DESCARTES, entraîné par la force des choses, par l'inconséquence de son système, s'est un jour laissé aller à affirmer cette énormité : *que l'animal n'est qu'une machine!* — Lorsque DESCARTES rentrait en lui-même pour sonder sa propre nature, il y trouvait son génie, qu'il lui eût été assez difficile d'expliquer par des impulsions de la matière subtile. Si, pour étudier la nature des animaux supérieurs, ce grand homme avait mis en application les préceptes de son Discours sur la méthode, s'il avait su se dégager de toute idée préconçue, il eût abouti à deux conclusions inséparables : il eût trouvé, absolument comme chez lui-même d'ailleurs, un mécanisme admirable, dont aucune de nos machines les plus parfaites ne nous donne une idée approchée ; mais, chez le rossignol qui exhale son hymne nocturne d'amour, chez le chien fidèle qui, sous la caresse de son maître, remue une dernière fois la queue en expirant,..... il eût trouvé de plus quelque chose de supérieur, qui anime ce mécanisme, qui a conscience de soi, et que d'aucuns essaient en vain de nier. Le génie qui a su vivifier en quelque sorte l'ancienne Géométrie aux lignes immobiles, le génie qui a su créer la Géométrie analytique, eût ainsi certainement puisé dans son cœur des arguments que devait lui refuser sa Métaphysique, et il se fût gardé de réduire à l'état de machines tous les êtres du Monde vivant, hormis l'homme.

---

§ II.

Définition et objet des Théories appelées aujourd'hui Cinétiques. — Distinction radicale à établir entre elles.

Dans ces dernières années, les diverses interprétations qui ont été proposées relativement aux phénomènes dynamiques en général, ont reçu un nom commun, celui de Cinétique. Comme il en arrive toutes les fois que nous transportons un mot des langues anciennes dans nos langues modernes, la signification exacte du terme de cinétique a pris une grande élasticité. Κινημα équivalant en grec à *mouvement, trouble,* on pourrait au premier abord penser qu'il s'agit d'une explication de la nature même du mouvement, et la dernière idée assurément qui vienne à l'esprit, c'est de croire qu'on se borne à expliquer le mouvement par le mouvement; mais même dans cette supposition si limitée, on peut encore se demander : du mouvement *de quoi* s'agit-il? Avec un peu de bonne volonté, on reconnaîtrait en effet aisément qu'en un sens tout serait susceptible de mouvement. — Si cependant nous cessons d'*ergoter* quant à l'origine du terme, si nous y attachons le sens qu'y ont mis de très grands savants qui l'ont adopté, nous arrivons à constater que dans toutes les Cinétiques qui ont vu le jour, c'est le mouvement de l'atome pondérable qui est pris pour cause de tous les mouvements possibles des autres atomes pondérables. Je dis : toutes les Cinétiques. Il en existe aujourd'hui en effet, non seulement autant qu'il y a de phénomènes à expliquer, mais encore autant qu'il y a eu d'auteurs qui se sont mis à expliquer un même phénomène. Avec un à-propos auquel on ne saurait qu'applaudir, et mettant à profit le moment actuel, où ces théories passent encore pour nées viables, l'Académie de Belgique a récemment ouvert un concours et fondé un prix, qui sera décerné à l'auteur du meilleur travail sur l'historique de la Cinétique prise en général. C'est là en effet un très beau sujet à traiter; il sera facile de faire de l'érudition pure ; il sera beaucoup plus difficile d'en faire d'utile et de profitable pour la Science; et le développement de la question deviendra d'autant plus intéressant que les concurrents sauront rester plus indépendants de tout parti pris.

Pour bien faire comprendre ce qui me reste encore à dire dans ces considérations finales, je suis obligé, dans une certaine mesure, d'anticiper et d'empiéter sur le domaine du concours, en introduisant une classification parmi les Cinétiques. Cette partie de l'œuvre, du moins, ne présente aucune difficulté.

Ces théories peuvent se diviser en deux classes bien nettes :

Dans les unes, la notion de Force pure est bannie radicalement; dans les autres, au contraire, l'existence de la Force est admise implicitement et expressément. — Arrêtons-nous d'abord à la première classe.

Cette espèce de Cinétique visiblement rentre entièrement dans la première de nos affirmations contradictoires. En disant cette espèce, je me sers d'une expression impropre. La Force étant abolie, il ne peut plus exister qu'une seule Cinétique, car il n'existe plus qu'une seule espèce de mouvement : le mouvement uniforme entre deux chocs d'atomes séparés par un espace vide. C'est, soit dit en passant, ce dont ne semblent pas même se douter les inventeurs qui décorent leurs systèmes du nom de théories vibratoires, etc. Il ne peut y avoir de vibration proprement dite qu'entre deux atomes rendus solidaires par une Force ; j'aurai à revenir bientôt sur ce sujet.

Cette Cinétique pure est le Matérialisme dans toute sa pureté aussi et dans sa forme logique, mais je suis obligé de le dire, dans toute son insanité. Il se passe rarement une année sans qu'il s'ajoute à ma bibliothèque un volume ayant nom : CINÉTIQUE UNIVERSELLE; THÉORIE VIBRATOIRE DE L'UNIVERS; UNIFICATION (lisez : abolition) DES FORCES DE LA NATURE..... Tous ces traités, qui s'annoncent comme autant de révélations, m'apprennent non seulement de quelle façon simple et palpable mon corps est rendu pesant, mais encore quelles évolutions de billes dans mon cerveau me *forcent* à écrire ces lignes et apparaissent au dehors sous le nom de pensées.

J'ai dit : le Matérialisme dans sa forme logique. — Ainsi que je l'ai fait remarquer maintes fois, il faut en effet rendre cette justice aux défenseurs du Matérialisme scientifique, c'est qu'ils sont beaucoup plus conséquents avec eux-mêmes que leurs adversaires, qui, admettant comme eux que la Matière seule peut agir sur la Matière, sont bien obligés de dire que le Principe vital fait exception à cette règle.

Mais je passe à la seconde classe de Cinétiques, qui a été créée ou acceptée par les Mathématiciens les plus distingués de notre temps. Dans toutes ces théories, entre lesquelles d'ailleurs il existe des différences assez notables, la FORCE, comme puissance externe à l'atome matériel, est admise *a priori*. Ni M. CLAUSIUS, ni MAXWELL, ni, beaucoup plus récemment, M. SAINT-VENANT..... n'ont eu un seul instant l'idée de nous expliquer l'attraction moléculaire, l'affinité chimique, la gravitation, les actions électriques, magnétiques, etc., par des vibrations. Tous admettent, soit entre les atomes, soit même entre les corps, des actions à distance; tous ont compris que le seul terme de vibration implique, entre les deux atomes que l'on fait s'approcher et s'éloigner alternativement l'un de l'autre, *quelque chose* de spécifique qui détermine ces mouvements. Je croirais abuser de la patience de mes lecteurs, en m'arrêtant plus sur ce sujet; je renverrai simplement aux beaux travaux de M. CLAUSIUS, par exemple, sur l'électricité, sur la constitution des corps liquides et solides; et tout à l'heure je montrerai, en parlant de la Cinétique des gaz, qu'ici même MAXWELL ne se contente plus du seul choc des molécules pour expliquer les phénomènes dans leur ensemble. — Dans toutes ces théories, les Mathématiciens, avec raison, ne s'occupent point de la nature de la Force particulière dont ils ont besoin, et se gardent surtout de l'expliquer; ils l'acceptent telle quelle, comme les Astronomes, depuis NEWTON, ont, avec raison aussi, accepté la gravitation : comme une tendance de deux corps à se rapprocher, suivant une certaine loi, à travers un espace sans résistance.

Ces considérations, dont, j'espère, la justesse sera reconnue de chacun, me permettent de montrer maintenant très facilement la différence qui existe entre les Cinétiques de cette seconde classe et l'interprétation par laquelle elles doivent être et seront un jour remplacées, quant aux phénomènes dits des impondérables. — Dans toutes ces Cinétiques, la Force est considérée comme la cause indispensable des mouvements des atomes, mais c'est l'espèce de mouvement produit qui détermine pour nous l'espèce de phénomènes (calorifiques, électriques, magnétiques....). Toutefois, même en limitant ainsi le rôle de la Force, on est encore obligé, pour bien rendre compte des faits, d'admettre des différences d'espèces entre ces *agents dynamiques* eux-mêmes. Dans l'interprétation que je crois être l'expression des faits, le mouvement des atomes, celui des corps, n'est que le fait secondaire, que la conséquence d'une action dynamique spécifique. La Force, spécifique, susceptible d'augmentation et de diminution en intensité, susceptible d'un mode de mouvement propre, devient la cause exclusive et déterminante du mouvement de la Matière sous toutes ses formes. Les manifestations de chaleur libre, d'électricité,..... sont le résultat, non de mouvements de l'atome matériel, mais d'un mouvement propre de l'Élément dynamique lui-même [1].

Le lecteur peut juger aisément par lui-même en quoi cette interprétation diffère de celle que renferment les deux classes de Cinétiques que j'ai définies. En ce qui concerne les Cinétiques, quelles qu'elles soient, de la seconde espèce,

[1] ANALYSE ÉLÉMENTAIRE DE L'UNIVERS.

la différence est secondaire; elle est très importante, sans doute, comme question de Physique générale, mais elle n'implique pas une divergence de principes. Il n'en est plus de même en ce qui concerne la Cinétique unique de la première classe; ici la différence porte sur le point de départ même et implique une scission radicale de principe.

J'aurai su fort mal me faire comprendre, si toutes les personnes qui ont bien voulu suivre l'exposition que j'ai faite de l'interprétation dynamique n'ont pas reconnu que c'est la Cinétique prétendue universelle, de la première classe, que j'ai toujours réfutée de toutes mes forces.

Ce qui précède me met à même de répondre très nettement à l'un des passages critiques du Rapport de M. Folie.

Non sans une pointe d'ironie, et d'ailleurs comme un juge sûr de me trouver en défaut même sur le terrain de l'Algèbre, le rapporteur dit que j'éprouverai sans doute une grande déception si la Cinétique des gaz reste debout.

Je n'ai jamais rangé aucune des Cinétiques de la seconde classe, et bien moins que toutes autres celles de Maxwell et de M. Clausius, dans la doctrine du Matérialisme. C'eût été en effet un contre-sens de ma part, disons même un non-sens. Dans toutes ces Cinétiques, l'existence d'une Puissance dynamique *extra-atomique* est admise implicitement ou explicitement; le Matérialisme perd par là son assise la plus solide.

Je ne croirais donc nullement le Spiritualisme en péril, je n'éprouverais aucune déception, j'éprouverais seulement un très grand étonnement comme Physicien, si, à l'opposé de tout ce qui me semble parfaitement acquis, il venait à m'être démontré que, par exemple, la Cinétique des gaz, telle qu'elle a été exposée par M. Clausius, ou, sous une forme très différente, par Maxwell, répond à la vérité. Je devrais alors simplement reconnaître que je me trompais quant à la nature de la chaleur et sans doute quant à celle des autres impondérables. Le physicien, je le répète, serait étonné; le philosophe ne serait nullement troublé.

J'éprouverais au contraire plus qu'une déception, s'il m'était démontré (cette fois je dis carrément : *par impossible*) que c'est la première Cinétique qui est l'expression des faits. L'impression que j'éprouverais alors, moi *hérétique incorrigible,* ressemblerait à celle d'un croyant sincère et convaincu à qui l'on dirait un beau jour : « Tout ce en quoi vous avez foi n'est qu'une » mauvaise plaisanterie ». — Il y aurait même en un sens plus que ressemblance, il y aurait identité. — D'accord avec moi sur le point de départ, M. Folie essaie même ici de montrer que mes craintes ne seraient pas fondées. Ce passage de son Rapport est trop important quant aux idées que je défends, pour que je ne le cite pas.

« Pût-on même tout expliquer par les seules notions de matière et de » mouvement, hypothèse absurde, qui pourrait nous empêcher de considérer avec Faraday l'atome matériel comme un simple centre de force, » et, tout en admettant les théories fondées sur ces deux seules notions, » de nier jusqu'à l'existence même de la matière? »

On voit que Faraday admettait parfaitement l'existence de la Force s'étendant indéfiniment autour de l'atome, et si on lui eût dit que la Force est une pure entité métaphysique, son bon sens eût protesté. M. Folie cependant d'un autre côté va beaucoup plus loin que Faraday ne l'eût voulu. Si quelqu'un lui eût dit : « Votre centre, votre point géométrique n'a aucune » existence réelle », ce grand savant, si sincèrement pieux, eût certainement reculé d'effroi, car il se serait trouvé en plein Panthéisme. — Que l'on me pardonne si j'ai le malheur de voir toujours des rapports entre des choses qui semblent n'en avoir aucun.

Je le répète, je ne crains aucune désillusion ni en ce qui concerne la réfutation de la Cinétique pure, qui pour moi équivaut au Matérialisme pur, ni même quant à l'interprétation dynamique qui exprime, selon moi, la nature des impondérables, car des milliers de raisons très solides militent en sa faveur contre toutes les Cinétiques possibles.

Une illusion toutefois, une illusion bien grave de ma part, serait de m'imaginer que la Doctrine que je soutiens soit sur le point de se répandre. Moins heureux que l'un des plus grands génies musicaux de nos temps, je n'assisterai certainement plus au triomphe de la Doctrine à laquelle, selon moi, est *réservé* l'avenir; mais je me console en me disant que je ne suis point un *Découvreur* et que cette Doctrine appartient en définitive à tout le monde et ne revêt aucun caractère personnel : je serais en effet le dernier à y croire, s'il en était autrement.

Mais, dira-t-on, si la différence est en principe aussi minime entre l'interprétation dynamique des phénomènes et leur interprétation cinétique bien comprise, pourquoi donc attaquer avec tant d'insistance cette dernière, vers laquelle semblent pencher la plupart des savants de notre temps? La raison en est très simple, et elle est péremptoire. — S'il était démontré que la chaleur, que l'électricité, ne sont que des mouvements spécifiques de l'atome matériel, il n'en résulterait nullement, sans doute, que la Force proprement dite n'existe pas, bien loin de là, puisque les cinétistes eux-mêmes en invoquent la nécessité pour l'édification de leurs théories. Mais si, au contraire, il était démontré que la chaleur *ne résulte pas* d'un mouvement de l'atome, s'il était démontré qu'elle constitue elle-même une Force, il est bien évident que l'existence de la Force, comme Élément spécifique, serait hors de doute une fois pour toutes, pour les autres phénomènes dans l'interprétation desquels le mouvement de la Matière n'a été introduit qu'à grand'peine, comme causalité : et en première ligne, pour le phénomène de la gravitation universelle, par exemple.

Personne, j'espère, n'aura trouvé déplacé ou inutile l'exposé qui précède. J'ai fait tous mes efforts pour rester clair, sans tomber dans des longueurs. Si j'ai réussi, les lecteurs diront certainement avec moi que la question aujourd'hui en litige entre les savants est une des plus capitales et des plus élevées qui se puissent concevoir; ils auront de plus reconnu que cette question, loin d'être du domaine exclusif de la Philosophie ou de la Métaphysique transcendantes, a au contraire son assise la plus solide dans la partie élémentaire de nos Sciences physiques.

Ce n'est certainement pas ici le cas d'appliquer l'adage : « Question bien » posée est à moitié résolue »; mais cependant ce qui précède me semble de nature à éviter désormais tout malentendu. Si depuis tant d'années j'attaque les théories appelées Cinétiques, ce n'est pas parce que je les confonds toutes indistinctement avec la doctrine du Matérialisme scientifique, aujourd'hui si répandue, mais c'est parce que la réfutation de celles qui s'éloignent même le plus de cette doctrine en entraîne forcément la chute par contre-coup. Une raison surtout me guide, la principale même peut-être : dans ma conviction, les Cinétiques quelles qu'elles soient ne répondent pas à la réalité des choses.

---

§ III.

UN CORPS DONT LES PARTICULES SE TROUVERAIENT DANS UN ÉTAT CONTINU DE MOUVEMENT AURAIT-IL LES MÊMES PROPRIÉTÉS MÉCANIQUES QU'UN CORPS DONT LES PARTIES SERAIENT EN REPOS? — CLASSE DE CORPS POUR LESQUELS CETTE QUESTION REÇOIT UNE RÉPONSE TRÈS NETTE.

Dans plusieurs de mes travaux antérieurs, j'ai cité un grand nombre de faits qui me permettraient d'employer un terme plus décisif que celui de simple conviction. Je pense toutefois que quand il s'agit d'un problème aussi important, on ne saurait chercher trop de preuves diverses.

L'un des côtés par lesquels la question m'a semblé le plus facilement abordable, au point de vue de l'épreuve critique, est caractérisé par cette interrogation : un corps dont certaines propriétés essentielles relèveraient du mouvement interne de ses parties constituantes peut-il se comporter d'ailleurs comme si ces parties étaient en repos?

Une réponse catégorique à cette question de Mécanique élémentaire, qu'elle soit d'ailleurs affirmative ou négative, doit être visiblement d'autant plus facile à trouver que les propriétés qui relèveraient du mouvement interne seraient plus dominantes par rapport aux autres propriétés ne dépendant pas de ces mouvements. Tel n'est évidemment pas le cas des corps solides ou même liquides. La cohésion, la dureté, l'élasticité (même *chez les liquides*), les combinaisons chimiques, etc., n'ont jamais pu s'expliquer par des vibrations atomiques. Les défenseurs les plus intrépides de l'unité exclusive de la Matière n'ont rien su trouver en ce sens et ont été contraints de se rabattre sur l'unité de Force, en rapportant ces diverses propriétés, ces divers phénomènes, à la seule gravitation universelle, sauf, une fois que l'explication était donnée, d'annihiler cette Force elle-même (je ne mentionne que pour mémoire cet éther merveilleux ayant la propriété de pousser toutes choses les unes vers les autres, excepté lui-même). Les seuls phénomènes qui puissent être, pour ces corps, rapportés à des vibrations internes, sont ceux de la chaleur et les phénomènes transitoires de l'électricité dite dynamique. Ces vibrations, supposées réelles, ne sauraient en rien modifier les propriétés que manifestent les solides et les liquides dans le domaine de la Mécanique.

Il n'en est pas ainsi des corps gazeux (gaz proprement dits ou vapeurs plus ou moins éloignées de leur point de liquéfaction). Si la théorie cinétique est correcte, la pression, l'élasticité, les phénomènes de la détente ou de la compression, etc., etc., les propriétés non seulement les plus essentielles, mais les plus nombreuses, s'expliquent ici par le mouvement de translation des parties constituantes, plus ou moins indépendantes entre elles. Les autres propriétés deviennent tout à fait secondaires. La cohésion, ou ce que j'ai appelé la *pression interne,* existe sans doute aussi dans ces corps, mais même chez les plus denses, elle a une valeur très faible; le groupement des atomes en molécules chimiques sous l'action de l'affinité intervient simplement en faisant de chaque molécule un corps en quelque sorte distinct dans la masse du gaz ou de la vapeur. La question indiquée ci-dessus se pose pour ces corps de la manière la plus nette.

> Un gaz dont les particules seraient dans un état de mouvement *nécessaire* et incessant, ne posséderait-il pas certains caractères qui ne pourraient se trouver chez un gaz dont on supposerait les parties en repos (ou du moins sans *mouvement nécessaire*), mais rendues continuellement solidaires entre elles par une Force?

Telle est la question que je me suis posée naturellement et à laquelle la discussion de mes expériences dans leur ensemble a, selon moi, donné la réponse la plus formelle.

§ IV.

Caractères définis de trois des théories cinétiques proposées pour les gaz.

J'entre ainsi au cœur même de mon sujet. Pour répondre convenablement à la critique que fait M. Folie quant à mes conclusions, je dois commencer par rappeler très brièvement le caractère de trois des Cinétiques les plus rationnelles, et des plus correctes au point de vue de la Physique-Mécanique, qui aient été proposées : celle de Kroenig, celle de M. Clausius et enfin celle de Maxwell.

Dans un aperçu historique extrêmement intéressant où il indique les auteurs principaux qui ont établi la Cinétique des gaz, M. Clausius fait connaître lui-même les différences essentielles qui existent entre sa théorie et celle de Kroenig. Il montre que la pression d'un gaz relève d'un mouvement de translation des atomes ou des molécules et de leurs chocs contre les parois, et que leur température relève de la grandeur de la vitesse ; mais il montre aussi que ce n'est pas là le seul mouvement qui existe dans la masse du gaz, que, par suite même du choc des atomes les uns contre les autres, il doit se produire des mouvements de rotation ; que de plus, en ce qui concerne les gaz composés, on peut et l'on doit admettre qu'il se produit un mouvement vibratoire entre les atomes d'une même molécule ; il analyse avec soin toutes les circonstances de ces divers mouvements, et leurs relations dans un gaz arrivé à un état stable. Il spécifie très nettement les conditions de mouvement, nécessaires pour qu'un gaz puisse obéir à la loi de Mariotte et Gay-Lussac.

Puisque j'en trouve une occasion naturelle, il me sera permis d'exprimer encore une fois toute mon admiration la plus indépendante pour l'ensemble de cet exposé et si j'ai pris cette théorie comme point de départ d'une discussion contradictoire, c'est précisément parce qu'elle me semble la plus solide, la plus à l'abri d'objections superficielles. Quelle que soit l'issue de la discussion, j'espère n'être jamais mis sur la même ligne que certains cinétistes eux-mêmes, qui, pour fonder aussi leur petite théorie, ont prétendu trouver M. Clausius en défaut sur des principes de Mécanique et ont fait à sa théorie des objections auxquelles cet analyste avait été le premier à répondre à l'avance.

Je dois m'arrêter surtout aux conditions que la loi de Mariotte et Gay-Lussac impose aux mouvements des particules d'un gaz. On est dans l'habitude de dire que cette loi, depuis les expériences mémorables de Regnault, ne peut plus être considérée que comme approximative. Rigoureusement parlant, cette assertion sans doute est juste; j'ai montré dans plusieurs de mes travaux pourquoi et comment la loi doit être corrigée pour devenir une loi de la nature, parfaitement rigoureuse en tous les cas. Toutefois, même prise telle quelle, pour certains gaz, tels que l'hydrogène, l'air atmosphérique à de faibles pressions, etc., l'approximation est telle que les erreurs ne portent plus que sur les dix-millièmes.

Pour que la loi de Mariotte et Gay-Lussac se vérifie, il faut :

1° Que le volume occupé par les molécules du gaz soit négligeable par rapport au volume total ou apparent.

2° Que la durée du contact des molécules ou atomes pendant le choc entre elles ou contre les parois soit négligeable par rapport à l'intervalle de temps qui sépare les chocs.

3° Que l'espace parcouru par les molécules, quand elles sont entrées dans leur sphère d'action réciproque (attraction ou répulsion), soit négligeable par rapport à celui qu'elles parcourent quand elles sont indépendantes les unes des autres. En d'autres termes plus concis, il faut que les actions moléculaires réciproques soient négligeables.

Ces conditions sont frappantes pour ce que j'ai à dire. Avant de les discuter, je passe à la Cinétique proposée par MAXWELL. Je traduis pour cela aussi fidèlement qu'il m'est possible ce qu'il dit lui-même [1].

> Page 51. — « Dans le présent Mémoire, je propose de considérer les molécules d'un gaz, non comme des sphères élastiques d'un rayon défini, mais comme de petits corps, ou groupes de molécules plus petites, se repoussant l'un l'autre avec une force dont la direction passe toujours très approximativement par le centre de gravité des molécules, et dont l'intensité est représentée très approximativement par une fonction de la distance des centres de gravité. — J'ai fait cette modification dans la théorie, en conséquence des résultats de mes expériences sur la viscosité de l'air à diverses températures, et j'ai déduit de ces expériences que la répulsion est inversement proportionnelle à la cinquième puissance de la distance. »
>
> Page 52. — « Si les vitesses des molécules se mouvant en différentes directions étaient indépendantes les unes des autres, la pression du gaz en chaque point ne serait pas nécessairement la même en toutes directions et la pression entre deux parties de gaz séparées par un plan ne serait pas nécessairement normale à ce plan. Par conséquent, pour rendre compte de l'égalité de pression qu'on a

[1] ON THE DYNAMICAL THEORY OF GASES, by J. CLERK MAXWELL. 16 mai 1866. Vol. 157, Part. I, des « PHILOSOPHICAL TRANSACTIONS » de la *Société Royale de Londres*, pages 49-88.

Page 51. — In the present paper I propose to consider the molecules of a gas, not as elastic spheres of definite radius, but as small bodies or groups of smaller molecules repelling one another with a force whose direction always passes very nearly through the centres of gravity of the molecules, and whose magnitude is represented very nearly by some function of the distance of the centres of gravity. I have made this modification of the theory in consequence of the results of my experiments on the viscosity of air at different temperatures, and I have deduced from these experiments that the repulsion is inversely as the *fifth* power of the distance.

Page 52. — If the velocities of the molecules moving in different directions were independent of one another, then the pressure at any point of the gas need not be the same in all directions, and the pressure between two portions of gas separated by a plane need not be

observée réellement, il faut admettre quelque cause qui égalise les vitesses en tous sens. Nous trouvons cette cause dans la déviation qu'une molécule fait éprouver à l'autre dans sa marche, lorsqu'elles se *rapprochent* l'une de l'autre. Toutefois, comme cette égalisation de mouvement n'est pas instantanée, la pression en tous sens n'est parfaitement égalisée que dans un gaz en repos; et quand le gaz est en état de mouvement, le défaut d'égalité de pression donne lieu au phénomène de viscosité, ou de frottement interne. »

Page 54. — « Dans la présente théorie, les molécules sont les portions d'un gaz qui se meuvent comme un corps unique (comme un corps isolé). Ces molécules peuvent être considérées comme de simples points ou purs centres de force, doués d'inertie, c'est-à-dire de la capacité d'opérer du travail en perdant de leur vitesse. — Elles peuvent être des systèmes de plusieurs semblables centres de forces, liés entre eux par leur action réciproque, et dans ce cas, les différents centres peuvent être ou séparés de façon à former des groupes de points, ou être actuellement coïncidents de façon à former un point. — Finalement, si cela est nécessaire, on peut admettre que les molécules sont de petits corps solides de forme déterminée; mais dans ce cas nous sommes obligés d'introduire implicitement

perpendicular to that plane. Hence, to account for the observed equality of pressure in all directions, we must suppose some cause equalizing the motion in all directions. This we find in the deflection of the path of one particle by another when they come near one another. Since, however, this equalization of motion is not instantaneous, the pressures in all directions are perfectly equalized only in the case of a gas at rest, but when the gas is in a state of motion, the want of perfect equality in the pressures gives rise to the phenomena of viscosity, or internal friction.

Page 54. — The molecules of a gas in this theory are those portions of it which move about as a single body. These molecules may be mere points, or pure centres of force endowed with inertia, or the capacity of performing work while losing velocity. They may by systems of several such centres of force, bound together by their mutual actions, and in this case the different centres may either be separated, so as to form a group of points, or they may be actually coincident, so as to form one point. — Finally, if necessary, we may suppose them to be small solid bodies of a determinate form; but in this case we must assume a new

une nouvelle catégorie de forces liant entre eux ces petits corps, et de fonder ainsi une théorie moléculaire du second ordre. »

Page 56. — « Quand après leur action réciproque et leur déviation, les molécules ont de nouveau atteint une distance telle qu'il n'y ait plus d'action sensible entre elles, chacune se mouvra avec la vitesse antérieure à l'action, mais la direction de cette vitesse relative aura dévié d'un angle de 2θ dans le plan de l'orbite. »

On voit qu'ainsi que je l'ai dit, la Force, sous toutes ses faces, est affirmée par Maxwell de la façon la plus catégorique. Si le grand mathématicien anglais eût appliqué une minime partie seulement de ses efforts dans une direction opposée, s'il eût admis que certaines Forces peuvent varier en intensité entre deux points matériels, en conséquence des effets mécaniques qu'elles produisent, il eût fondé une théorie dynamique inattaquable dans laquelle le mouvement de l'atome même eût cessé absolument d'être *une nécessité*. La Cinétique de Maxwell peut avec raison être considérée comme un tour de force en difficultés analytiques vaincues; mais, au point de vue de la Physique, elle a le caractère de l'arbitraire le plus absolu. Chacun en demeurera convaincu, pour peu qu'il lise attentivement et impartialement le premier et surtout le troisième des alinéas cités. — De quel droit, par exemple, admettre *a priori* que tous les gaz, simples ou composés, soient formés de molécules, c'est-à-dire d'atomes conjugués en groupes distincts? Quand avec certaines personnes on pousserait l'amour de l'unification générale jusqu'à dire qu'il n'existe qu'un élément chimique, l'hydrogène, cet élément essentiellement gazeux serait lui du moins formé d'atomes non

set of forces binding the parts of these small bodies together, and so introduce a molecular theory of the second ordre.

Page 56. — When, after their mutual action and deflection, the molecules have again reached a distance such that there is no sensible action between them, each will be moving with the same velocity relative to the centre of gravity that it had before the mutual action, but the direction of this relative velocity will be turned through an angle 2θ in the plane of the orbit.

groupés. — Est-il facile de comprendre pourquoi deux ou plusieurs atomes, *qui s'attirent,* puisqu'ils forment ensemble un groupe (molécule) dans lequel ils vibrent, prendraient tout d'un coup une puissance répulsive, dès qu'ils se sont groupés? Il est encore plus difficile de comprendre comment deux ou plusieurs molécules pourraient se confondre de manière à former actuellement un point géométrique. Ce sont là sans doute des possibilités mathématiques, bien que ceci même soit contestable; mais ce sont certainement aussi des impossibilités physiques. Il me sera bien permis de le dire, de telles hypothèses montrent simplement comment un grand et puissant esprit peut s'égarer, lorsque dans l'interprétation des phénomènes naturels, il quitte trop complètement le terrain expérimental, le domaine des faits.

---

§ V.

Il ne saurait y avoir de vibrations proprement dites dans un gaz constitué cinétiquement.

Quoi qu'il en soit, un fait domine dans les diverses Cinétiques des gaz dont il est question : ce fait est capital ; il me servira de base solide dans tout ce que j'aurai à répondre aux critiques de M. Folie. — Dans toutes les Cinétiques rationnelles proposées, les gaz sont forcément considérés comme un assemblage de molécules indépendantes, se mouvant librement en ligne droite, et n'entrant en relation, *quand elles se heurtent,* que pendant un temps infiniment petit par rapport à celui que durent leurs mouvements indépendants. Maxwell a senti les inconvénients d'un pareil système de molécules indépendantes pour l'explication des phénomènes ; il a cherché à y échapper, comme on le voit, par le second alinéa ; mais l'énoncé du quatrième alinéa contredit bien formellement celui du second.

Je cite d'abord l'une des remarques critiques de M. Folie.

« Le fait qui nous a frappé dans cette démonstration, et qui a fait
» naître immédiatement des doutes dans notre esprit sur son exactitude est
» celui-ci : que le mouvement moléculaire du gaz n'y paraît considéré
» que comme un simple mouvement de translation, et non comme un

» mouvement vibratoire. Or il n'en est pas ainsi, et la difficulté de la » théorie cinétique des gaz consiste en effet à tenir compte des chocs que » les particules gazeuses éprouvent mutuellement dans ce mouvement » vibratoire. »

Si, dans la Cinétique des gaz, des vibrations proprement dites étaient la cause déterminante de la pression, par exemple, j'aurais commis plus qu'une inadvertance, j'aurais fait une faute grave en n'en tenant pas compte; mais ce n'est aucunement là le cas. On ne m'accusera assurément pas de me montrer rigoriste sur les mots, si je dis que le terme de vibration ne peut point s'appliquer à un gaz constitué *cinétiquement*. L'état vibratoire, l'aptitude même à vibrer, suppose dans un corps une solidarité continue entre toutes les parties, solidarité telle qu'aucune ne puisse se déplacer le moins du monde sans que les autres éprouvent au bout d'un temps plus ou moins court, sinon un déplacement aussi, du moins un changement dans leurs conditions d'équilibre. C'est ce qui existe, par exemple, dans le diapason, dans une corde élastique tendue, dans la spirale d'une montre, où il faut tout au moins que les parties du corps soient soumises sans cesse à l'action d'une Force qui tende à ramener le corps à sa position initiale, lorsqu'il en est tiré : c'est ce qui a lieu quant au pendule, par exemple. — Dans l'état vibratoire, la rapidité de l'impulsion qui détermine le phénomène n'a absolument aucune influence sur la rapidité de transmission de la vibration elle-même. Dans les gaz, rien de pareil n'existerait. Ici nous avons des molécules enveloppées (MAXWELL) ou non enveloppées (CLAUSIUS) d'une *atmosphère dynamique répulsive*, qui se meuvent avec une vitesse uniforme et qui pendant leurs chocs, amenés par le hasard, ne restent en contact qu'un temps infiniment petit par rapport à la durée de leur séparation. Dans un tel gaz, la rapidité de transmission des chocs dépend forcément de la rapidité de l'impulsion première. On ne dira jamais correctement que les billes d'un billard, par exemple, vibrent entre les bandes qu'elles frappent ou entre elles-mêmes, quand elles se rencontrent, comme vibrent les branches d'un diapason. Il y a ici bien plus qu'une distinction purement nominale; il y a une différence de principe mécanique. Si dans mon analyse, je n'ai pas tenu compte des vibrations, c'est parce qu'il n'en saurait exister dans un gaz autrement qu'entre les atomes d'une même molécule, c'est parce qu'il ne peut s'y produire que des chocs immédiats ou médiats de molécules à molécules : des contacts suivis d'intervalles, relativement infinis, de séparation où le mouvement est uniforme.

---

§ VI.

EXEMPLES A L'APPUI DE CE QUI PRÉCÈDE. — DANS UN GAZ FORMÉ DE PARTIES DISJOINTES ET INDÉPENDANTES LES UNES DES AUTRES, LA VITESSE DU SON EST UNE FONCTION DE LA VITESSE D'IMPULSION INITIALE. — DANS LE MÊME GAZ, NOTRE ATMOSPHÈRE AURAIT UNE LIMITE TRÈS PEU ÉLEVÉE.

Je vais, par deux exemples parfaitement appropriés, éclaircir ce qui précède.

I. Tout le monde connaît l'expérience classique qu'on fait dans les cours de Physique, pour démontrer l'une des lois du choc des corps élastiques. — Un certain nombre de billes d'ivoire (j'en supposerai vingt et une de 5 centimètres de diamètre chacune) sont suspendues par des fils sur une même ligne, de façon à *se toucher* quand elles sont au repos. On soulève l'une des billes extrêmes, la première au cas particulier, en ayant soin de rester dans le plan vertical où se trouvent tous les fils, puis on la laisse retomber. Au moment où cette bille frappe la seconde, la vingt et unième se lève et monte (à peu près) à la hauteur d'où la première était tombée : toutes les autres, la première inclusivement, restent en repos.

Dans ces conditions, le temps qui s'écoule entre le moment où la première frappe la seconde et celui où la vingt et unième quitte la vingtième est absolument indépendant de la hauteur de chute, de la vitesse de percussion, et dépend seulement du coefficient d'élasticité et du diamètre des billes.

Réduisons maintenant le diamètre des billes, sans rien changer d'ailleurs aux distances des points de suspension; donnons 25 millimètres par exemple au lieu de $0^m,05$. La distance des centres étant toujours de $0^m,05$ et celle des deux billes extrêmes par suite de $20 \cdot 0,05 = 1^m$, nous aurons entre les périphéries des billes un intervalle libre de $0^m,025$, et la somme totale des intervalles sera $20 \cdot 0,25 = 0^m,5$. Supposons les fils de suspension très longs, mais sans poids. — Soulevons comme précédemment la première bille à une hauteur H et laissons-la tomber. Quand elle sera arrivée au bas de l'arc de cercle qu'elle décrit, elle aura une vitesse $V = \sqrt{2gH}$ et (le fil de suspension étant très long) c'est avec cette vitesse qu'elle frappera la seconde bille; elle lui cédera toute sa vitesse (l'élasticité étant supposée parfaite), sera ramenée au repos et reviendra (*très lentement*) à sa position d'équilibre primitive. La seconde frappera la troisième et ainsi de suite, jusqu'à la vingt et unième, qui s'élèvera à la hauteur H et commencera à retomber. La durée totale du phénomène, depuis la première percussion jusqu'à la dernière, sera visiblement la somme des temps qu'il faut à chacune pour parcourir l'intervalle de séparation $0^m,025$, avec la vitesse uniforme V augmentée de la durée totale des contacts. En d'autres termes, la durée du phénomène sera égale au temps qu'il faudrait à une seule bille pour parcourir l'intervalle total $20 \cdot 0,25$ augmenté du temps que durent les vingt percussions. Dans ces conditions, ce dernier sera déjà extrêmement petit par rapport au premier; et il est évident que plus nous diminuerons le diamètre des billes, plus nous réduirons cette durée totale des percussions, de sorte qu'en faisant le diamètre des billes relativement négligeable, la durée des percussions le deviendra aussi, et finalement le temps total sera celui qu'il faut à une seule bille pour parcourir la distance de 1 mètre avec la vitesse V.

La durée totale du phénomène est donc ici exclusivement une fonction de la distance totale des deux billes extrêmes et de la vitesse qui anime la première bille. La vibration proprement dite, ou ce qui se passe *pendant le contact* même des billes les unes avec les autres, n'entre plus pour rien dans la question. Rien dans le phénomène ne mérite plus le nom de vibration.

A nos vingt et une billes élastiques, placées en ligne droite et initialement en repos, nous pourrons substituer des milliards de molécules, ou groupes d'atomes vibrant entre eux, grâce à leurs attractions réciproques, et entourés, comme le suppose MAXWELL, d'une *atmosphère dymanique répulsive ;* nous pourrons de plus supposer que ces molécules sont animées d'une vitesse moyenne U, qu'elles se meuvent en toutes directions imaginables, se heurtent de toutes les façons possibles, se réfléchissent, après les chocs, suivant des directions qui dépendent et du mouvement vibratoire des atomes, et du mouvement de rotation des molécules, et de l'angle suivant lequel se fait la percussion. Rien, absolument rien, ne sera changé au fond des choses.

Un gaz ainsi constitué ne vibre pas, dans le sens correct du terme ; quels que soient les contacts, de durée infiniment petite, des molécules entre elles, la pression exercée relève de chocs suivis de mouvement de translation uniforme. — Il y a bien plus, un tel gaz n'est même pas capable de vibrations proprement dites, dérivant d'une impulsion externe. Un nombre aussi grand qu'on voudra de molécules pourront recevoir à la fois, par une impulsion externe, un accroissement de vitesse dans une même direction et transmettre par chocs successifs cette vitesse à d'autres molécules, en retombant à leur vitesse initiale ; mais la vitesse de propagation de cet accroissement de vitesse sera forcément une fonction de la vitesse impulsive initiale. — Il suit de là :

Que la vitesse de propagation des ondes sonores, qu'avec grand'peine du reste, on peut concevoir dans un tel milieu, dépendrait de la vitesse d'impulsion qui en est la cause ; un son aigu se propagerait plus vite qu'un son grave.

Je n'ai pas besoin d'insister sur l'importance de ces conclusions. Elles cesseraient d'être rigoureuses, si, contre la définition même d'un gaz constitué *cinétiquement,* on supposait que la durée des contacts moléculaires ait une valeur sensible. Elles deviendraient absolument fausses, si l'action à distance des molécules les unes sur les autres s'étendait indéfiniment autour d'elles sous forme sensible. Je ne parle pas ici des ondes luminiques ou calorifiques, calorique rayonnant, qu'aucun analyste, à ma connaissance, n'a jamais essayé de construire en dehors d'un milieu élastique jusque dans ses subdivisions infinitésimales, c'est-à-dire d'un milieu dont toutes les parties soient dans un état de relation réciproque continue et indépendante du temps.

II. Je passe au second exemple que je disais vouloir examiner. Il est, en un tout autre sens, tout aussi frappant que le précédent.

Supposons notre atmosphère constituée *cinétiquement :* billes élastiques, ou groupes d'atomes s'attirant entre eux et vibrant, ou groupes d'atomes (molécules) doués d'une puissance répulsive ne s'étendant qu'à une faible distance autour du centre de gravité, se mouvant, dans les trois hypothèses, en ligne droite avec une vitesse moyenne U, pour une température absolue T, et dans toutes les directions imaginables. Supposons seulement, pour un moment et par impossible, que ces billes, ou groupes d'atomes, ne se rencontrent jamais (nous verrons bientôt que cette supposition ne change rien au fond des choses). — Les molécules qui partent de la surface de la Terre, et qui s'élèvent verticalement, perdront peu à peu de leur vitesse ascendante, par suite de leur pesanteur; arrivées à une certaine hauteur H, elles auront perdu toute leur vitesse et elles commenceront à retomber. Les molécules dirigées obliquement perdront de même de leur vitesse en s'élevant, mais elles décriront des courbes du second degré, dont la distance du sommet à la Terre dépendra de l'inclinaison au point de départ. En raison de la faible valeur relative de U, nous pouvons ici faire abstraction de la diminution de la pesanteur en fonction des hauteurs, et nous pouvons aussi admettre que la direction de la pesanteur est partout parallèle à elle-même. Dans ces conditions, on a visiblement $H_0 = \frac{U^2}{2g}$; et la courbe décrite est une parabole, dont le sommet se trouve à une distance de la Terre exprimée par : $h = H_0 \sin^2 \delta$, δ étant l'angle avec l'horizon au point de départ. La vitesse horizontale est partout $U \cdot \cos \delta$; et comme au sommet elle est la seule à considérer, on a aussi

$$U^2 \cos^2 \delta = 2g(H_0 - h);$$

c'est-à-dire que cette vitesse (ou *température*) répond comme pour les molécules s'élevant verticalement, à la hauteur de chute

$$(H_0 - h) \quad \text{ou} \quad H.$$

On voit :

1° Qu'une atmosphère ainsi constituée a pour limite de hauteur $H_0 = \frac{V^2}{2g}$.

2° Que la température des couches répond partout à $(H_0 - h) = H$ ou à la hauteur de chute comptée à partir de H_0.

3° Il est visible aussi que le nombre de molécules qui se trouvent à un moment donné dans chaque couche horizontale est d'autant plus grand que la valeur de δ est plus petite; en d'autres termes, on voit que la densité du gaz va en diminuant à mesure que nous nous élevons.

Au cas particulier, la vitesse U à la température de 0° ou T = 272°,85 a, d'après la Cinétique, pour valeur $485^{m''}$. La hauteur de l'atmosphère répondant à la température 0° à la base est donc

$$H = \frac{485^2}{2 . 9,80896} = 11990^m ;$$

et si aucune cause externe perturbatrice n'intervenait, la température absolue serait exprimée en fonction des hauteurs par l'équation

$$T = 272,85 \frac{(H - h)}{H} = 272,85 \left(1 - \frac{h}{H}\right).$$

Et maintenant y aura-t-il quoi que ce soit de changé aux choses, si au lieu de groupes de molécules qui ne se rencontrent jamais, on suppose au contraire qu'il se produise des chocs indéfiniment nombreux?

Dans notre atmosphère à molécules qui ne se heurtent jamais, concevons un cylindre de 1^{m2} de base et de la hauteur de l'atmosphère, divisé en cloisons horizontales distantes d'un mètre les unes des autres. Cette disposition ne changera rien du tout aux choses. Les molécules, au lieu de continuer leur route, chacune suivant la ligne qu'elle eût suivie, vont frapper les parois latérales et horizontales des cylindres superposés; elles y exerceront la pression propre à chaque hauteur et cette même pression s'exercera au dehors sur les parois latérales par suite du choc des molécules externes. Dans l'un quelconque de nos cylindres, la vitesse des molécules frappant la surface de la cloison inférieure est un peu plus forte que celle des molécules qui en remontant frappent la paroi supérieure, puisqu'après être tombées et avoir été réfléchies vers le haut, elles s'élèvent de 1 mètre. La pression est donc un peu plus forte sur la paroi inférieure que sur la paroi supérieure; mais par la même raison, il y a évidemment toujours égalité de pression sur les deux faces d'une même cloison, puisque les molécules frappant des deux côtés ont nécessairement la même vitesse. Si nous désignons par π le poids total des molécules renfermées dans l'une des cloisons et par h la hauteur du centre de gravité au-dessus de la surface terrestre, le travail emmagasiné sera visiblement $\pi\,(H_0 - h)$; la force vive sera $\frac{\pi U^2}{2g}$, U désignant la vitesse moyenne due à la chute moyenne aussi $(H_0 - h)$. — Nous avons dû supposer *a priori* que chacune des molécules (composées et *aussi complexes qu'on voudra*) possède, soit en vibrations atomiques, soit en mouvement de rotation, la force vive interne qui répond à la température T ou à U; nous devons de plus admettre que les molécules sont parfaitement élastiques et que par conséquent leurs chocs réciproques ne peuvent pas plus altérer leur nature que ne le font les chocs contre les parois d'un réservoir. — La question posée ci-dessus reçoit maintenant d'elle-même et sans aucune discussion nouvelle, la réponse négative la plus formelle. Si nous supprimons les cloisons horizontales de notre cylindre, les molécules, au lieu de se faire équilibre par leurs chocs contre ces parois, se feront équilibre entre elles-mêmes en se heurtant; il se produira une confusion bien plus grande encore qu'auparavant dans les mouvements de l'ensemble, mais la force vive représentée à chaque instant par la totalité des molécules contenues dans une cloison, *désormais idéale*, restera invariable, car quoi qu'on fasse et qu'on imagine, cette force vive relève toujours de la chute effective ou virtuelle H.

En résumé, nous voyons que si l'air était constitué cinétiquement, l'atmosphère terrestre aurait une hauteur qui, en chaque lieu, dépendrait de la température, de l'intensité de la pesanteur, etc., etc., mais qui ne dépasserait guère la moyenne de 12000^{m}. J'ai démontré moi-même [1] que la hauteur de notre enveloppe gazeuse est nettement limitée ; mais cette limite se trouve au moins à 100000^{m} de la surface terrestre, c'est-à-dire plus de huit fois le nombre précédent.

Il ne me semble pas nécessaire de signaler la multiplicité et l'importance des conséquences qui découlent de l'examen des deux exemples que j'ai choisis ; elles sautent aux yeux. Je vais donc droit à mon but et je réponds aux objections de M. FOLIE, en reprenant sous une autre forme les deux problèmes que j'ai résolus dans mon Mémoire de 1881 et dans celui de 1885.

[1] PHÉNOMÈNES DUS A L'ACTION DE L'ATMOSPHÈRE SUR LES ÉTOILES FILANTES, SUR LES BOLIDES, SUR LES AÉROLITHES ; Paris, Gauthier-Villars, 1883.

§ VII.

Analyse du phénomène de la résistance d'un gaz au mouvement d'une surface plane.

Nous disons que dans un gaz il ne saurait exister de vibrations proprement dites, s'il est constitué cinétiquement; nous disons que les mouvements de va-et-vient, qui peuvent s'y produire, résultent de chocs intermoléculaires suivis, pour chaque molécule en particulier, d'un mouvement uniforme en ligne droite, dont la durée et l'étendue linéaire sont infiniment grandes par rapport à la durée du choc et à la grandeur des molécules. Quand une molécule frappe une surface et y exerce une pression déterminée en changeant de direction, elle se comporte donc comme si elle existait seule, qu'elle ait, immédiatement après son choc contre une autre molécule, parcouru un chemin très petit, ou très grand, ou même infiniment grand. Pour le maintien de l'égalité des pressions en tous sens à une même température, nous devons seulement admettre que les molécules dernières, frappées par d'autres, arrivent dans toutes les directions imaginables, mais avec une vitesse moyenne U constante pour une même température. — Rien ne sera changé dans cet énoncé, si la plaque (*mince*), au lieu d'être en repos dans un gaz en repos apparent, s'y meut avec une vitesse V ou est frappée par le gaz animé lui-même d'un excès de vitesse V.

Je n'ai donc commis aucune erreur, en analysant le phénomène de la résistance ou de l'écoulement, ou du choc des gaz, comme si les molécules ne se heurtaient jamais. — J'ajoute que si j'ai procédé ainsi, c'est, non pour faciliter ma critique, loin de là, mais pour simplifier mon exposé; j'ajoute d'ailleurs que je n'ai, en ce sens, fait qu'imiter M. Clausius, lorsque, dans son remarquable travail, il analyse l'effet que doit produire le choc des molécules gazeuses contre les corps en repos. Toutefois, j'ai laissé dans mon Analyse une lacune, que je vais combler ici.

De la définition même d'un gaz constitué suivant la théorie de Kroenig, ou celle de M. Clausius, ou celle de Maxwell, il résulte qu'une plaque, mince et rigide, de surface très petite, mais non infiniment petite, ∂x, est frappée, sur ses deux faces et en toutes directions imaginables, par des molécules animées de la vitesse moyenne U (température T). Comme la constitution chimique d'un gaz composé, comme sa chaleur interne restent en définitive constantes dans un gaz, pourvu que la température ne change pas, nous devons admettre que la force vive représentée par le mouvement de translation d'une molécule reste constante aussi après comme avant le choc. Chacun doit sentir l'importance de cette remarque.

Que va-t-il se passer si notre plaque mince, au lieu d'être immobile, se meut avec une vitesse constante V dans une direction normale à son plan et constante aussi ?

Nous pouvons diviser en trois catégories les molécules qui rencontrent ∂x sur ses deux faces : 1° en amont, les unes marchent vers la surface; 2° les autres au contraire *la fuient,* 3° et en aval toutes la *poursuivent.*

1° En amont, celles de la première catégorie frapperont toutes avec une vitesse relative qui a pour expression $(U \sin \theta + V)$, θ étant l'angle d'incidence. Ces molécules rebondiront avec une vitesse absolue ayant pour valeur $(U \sin \theta + 2V)$;

2° En amont aussi, parmi les molécules qui *fuient* la plaque, celles-là seules seront atteintes qui auront une direction telle qu'on ait $V > U \sin \theta$. La percussion aura lieu avec une vitesse relative $(V - U \sin \theta)$; elles rebondiront avec une vitesse absolue $(- U \sin \theta + 2V)$;

3° Enfin les molécules de la troisième catégorie, qui, en aval, sont poursuivies par la plaque, ne seront atteintes que si l'on a $U \sin \theta < V$.

En désignant par μ la masse d'une molécule, on a donc pour la valeur de la force vive gagnée ou perdue par chacune, ou pour le travail perdu ou gagné par suite du mouvement du plan :

Première catégorie . . . . $\mu\left[(\mathrm{U}\sin\theta + 2\mathrm{V})^2 - \mathrm{U}^2\sin^2\theta\right]$;
Deuxième catégorie. . . . $\mu\left[(-\mathrm{U}\sin\theta + 2\mathrm{V})^2 - \mathrm{U}^2\sin^2\theta\right]$;
Troisième catégorie. . . . $\mu\left[(\mathrm{U}\sin\theta - 2\mathrm{V})^2 - \mathrm{U}^2\sin^2\theta\right]$.

Il semble à première vue que pour avoir le travail dépensé pour le maintien de la vitesse V de la plaque, il nous suffise de faire convenablement la somme de ces trois genres de force vive. Ce serait là pourtant une grosse erreur : la pression exercée sur les deux faces de δx, par suite des chocs, dépend en effet, non seulement de l'intensité de chaque percussion, mais encore du nombre de percussions qui ont lieu dans l'unité de temps. Déterminons ce nombre.

Autour de δx (que nous avons fait extrêmement petit), concevons une nappe sphérique idéale dont le rayon soit 1.

Pour des molécules arrivant ou fuyant en une même direction, le nombre cherché serait visiblement (D étant la distance de deux molécules consécutives) : 1° en amont $\frac{1}{\mathrm{D}}(\mathrm{U}\sin\theta + \mathrm{V})$, 2°, et $\frac{1}{\mathrm{D}}(\mathrm{V} - \mathrm{U}\sin\theta)$; 3° en aval $\frac{1}{\mathrm{D}}(\mathrm{U}\sin\theta - \mathrm{V})$. Mais nous avons admis que les molécules marchent en toutes directions imaginables (disons maintenant : *après leur percussion contre d'autres molécules*). Le nombre de celles qui, suivant un même angle θ, s'approchent ou s'éloignent de δx sera donc proportionnel à la surface d'une zone élémentaire tracée par l'extrémité du rayon 1 incliné de θ. En partant de là, nous avons pour le nombre réel de percussions

Première catégorie . . . . $\frac{2\pi}{\mathrm{D}}(\mathrm{U}\sin\theta + \mathrm{V})\cos\theta d\theta$;

Deuxième catégorie . . . . $\frac{2\pi}{\mathrm{D}}(-\mathrm{U}\sin\theta + \mathrm{V})\cos\theta d\theta$;

Troisième catégorie . . . . $\frac{2\pi}{\mathrm{D}}(\mathrm{U}\sin\theta - \mathrm{V})\cos\theta d\theta$;

et c'est par ces trois nombres que nous devons respectivement multiplier nos trois catégories de force vive ci-dessus. Il vient ainsi

$$\frac{2\pi\mu\delta x}{D}\int\left[(U\sin\theta + 2V)^2 - U^2\sin^2\theta\right](U\sin\theta + V)\cos\theta d\theta;$$

$$\frac{2\pi\mu\delta x}{D}\int\left[(-U\sin\theta + 2V)^2 - U^2\sin^2\theta\right](-U\sin\theta + V)\cos\theta d\theta;$$

$$\frac{2\pi\mu\delta x}{D}\int\left[(U\sin\theta - 2V)^2 - U^2\sin^2\theta\right](U\sin\theta - V)\cos\theta d\theta.$$

Il est aisé de reconnaître entre quelles limites nous devons prendre ces intégrales pour avoir la dépense de force vive opérée par suite du mouvement de notre plaque.

Nous disons que tous les atomes de la première catégorie peuvent frapper le plan en amont. La première intégrale doit donc être prise depuis 0 à 90°, ou $\frac{1}{2}\pi$. Les atomes en amont que *poursuit* la plaque ne peuvent être atteints que si $V > U\sin\theta$; la seconde intégrale doit donc être prise de 0 ou $\sin\theta = 0$ à $\sin\theta = \frac{V}{U}$. Enfin les atomes qui *poursuivent* δx ne l'atteignent qu'à partir de $U\sin\theta > V$. La troisième intégrale doit donc être prise de $\sin\theta = \frac{V}{U}$ à $\sin\theta = 1$.

Il vient ainsi, en achevant les calculs et réunissant en un seul terme A les divers facteurs constants,

$$\int_0^{\frac{1}{2}\pi} AV(U\sin\theta + V)^2\cos\theta d\theta = AV\left(\frac{1}{3}U^2 + UV + V^2\right);$$

$$\int_0^{\sin\theta = \frac{V}{U}} AV(V - U\sin\theta)^2\cos\theta d\theta = AV\left(\frac{1}{3}\frac{V^3}{U}\right);$$

$$\int_{\sin\theta = \frac{V}{U}}^{\sin\theta = 1} AV(U\sin\theta - V)^2\cos\theta d\theta = -AV\left(\frac{1}{3}U^2 - UV + V^2 - \frac{1}{3}\frac{V^3}{U}\right).$$

En faisant la somme de ces trois valeurs, il vient pour le travail dépensé par unité de temps par suite du mouvement de la surface

$$F = \frac{1}{2}\left[\frac{2AV^2}{U}\left(U^2 + \frac{1}{3}V^2\right)\right].$$

D'où il résulte pour la valeur de la résistance qui nait du mouvement de δx

$$R = A\frac{V}{U}\left(U^2 + \frac{1}{5}V^2\right) = AV\left[U + \frac{1}{5}\left(\frac{V}{U}\right)V\right].$$

La forme de cette équation est un peu différente de celle à laquelle j'étais arrivé dans mon Mémoire précédent. La raison en est que je n'avais pas tenu compte des molécules de la seconde catégorie, de celles que poursuit le plan δx et qu'il atteint quand la vitesse $V > U \sin \theta$. Mon ami Dwelshauvers-Dery m'a rendu attentif à cette omission et m'a permis de combler ainsi une lacune qui n'est pas sans importance. Qu'il reçoive ici tous mes remerciments. L'équation précédente peut se mettre sous la forme

$$R = AV\left[U + \frac{1}{5}\left(\frac{V}{U}\right)V\right],$$

et si l'on y fait V très petit par rapport à U, on a simplement

$$R = AUV.$$

C'est l'équation que j'avais donnée et elle était alors suffisamment approximative, puisque, dans mes expériences, la valeur de V avait toujours été relativement petite. Quoi qu'il en soit, on voit que la présente analyse, à laquelle on ne peut plus faire aucune objection plausible, conduit au même résultat général : à savoir que la résistance des gaz serait une fonction de température, si la théorie cinétique était l'expression de la vérité.

§ VIII.

THÉORIE DE L'ÉCOULEMENT ET DU CHOC DES GAZ. — RÉPONSE A M. FOLIE. — FAUTE RÉELLE COMMISE PAR MOI DANS LA CONSTRUCTION DES ÉQUATIONS. — VRAIE LOI D'ÉCOULEMENT, SELON LA CINÉTIQUE.

J'ai pensé bien faire en donnant en note l'ensemble de la Critique de M. FOLIE [1]. J'ai répondu longuement à la partie de cette critique qui concerne les vibrations moléculaires du gaz et je n'ai plus à y revenir. Le

[1] RAPPORT DE M. FOLIE, premier commissaire. — Extrait des *Bulletins de l'Académie royale de Belgique*, 3e série, t. IX, p. 40, 1885.

. . . .

En lisant le Mémoire actuel du savant alsacien, un doute a surgi immédiatement dans notre esprit, et avec une si grande force, que nous nous sommes étonné de ne l'avoir pas eu précédemment.

Il est vrai de dire que, dans la théorie du mouvement d'un disque dans l'air, le point faible, si nous pouvons nous permettre cette expression, est plus difficile à saisir que dans celle du mouvement de l'air contre un disque.

Notre éminent confrère voudra donc bien nous excuser de ne pas le lui avoir signalé plus tôt. C'est, du reste, tout bénéfice pour la science qu'il se soit décidé à confirmer ses premiers résultats par de nouvelles expériences.

Nous reproduisons ci-dessous la démonstration de M. HIRN, en soulignant le passage qui nous a particulièrement frappé.

reproche essentiel qui m'est fait, c'est de n'avoir pas introduit dans l'équation le terme $(V - U)$; mais il m'est facile de montrer que je ne suis nullement en faute ici.

Le terme $(U + V)$, c'est-à-dire celui qui exprime la vitesse totale des molécules, concerne uniquement ce qui se passe dans la section de la veine fluide où la vitesse est à son maximum. Dans cette section, il ne peut passer, en sens contraire du mouvement, que deux catégories de molécules : 1° celles qui arrivent de toutes les directions possibles de l'espace externe au réservoir et auxquelles j'ai dû naturellement supposer la même température, disons la même vitesse, qu'à celles de l'intérieur du vase, avant l'écoulement; 2° celles qui reviennent sur elles-mêmes, après avoir frappé l'obstacle externe, et dont la vitesse ne peut être que $(U + V)$. L'effort de réaction en arrière dans le réservoir doit être forcément égal à l'effort de poussée en avant contre la plaque résistante, puisque tous deux sont dus à la somme $(U + V)$. Le terme $(V - U)$ en un mot est absolument inadmissible. Je me hâte toutefois de le dire, la critique de M. Folie a porté mon attention sur un point que j'avais bien à tort perdu de vue. Le lecteur sourira lorsque j'aurai dit la raison de ce lapsus : dans l'examen du phénomène, j'ai cessé d'être thermodynamicien, pour devenir exclusivement cinétiste.

Un courant de gaz est lancé avec une vitesse V, par un ajutage, contre une plaque. Les particules gazeuses, dans la théorie cinétique, se meuvent dans toutes les directions possibles. On les décompose en deux groupes, dont les uns se meuvent parallèlement, les autres normalement à la plaque. « En s'échappant de l'orifice, dit M. Hirn, les particules du » premier groupe continueront à avancer parallèlement au plan avec la vitesse U, et nor- » malement au plan avec la vitesse V. La percussion aura lieu avec cette dernière vitesse » seulement. *Les particules du second groupe au contraire auront une vitesse* (U + V) *normale* » *au plan;* . . . . de sorte qu'on a pour les percussions normales, avec » vitesse (U + V)

$$\frac{1}{3}\mu n,$$

» n étant le nombre total des molécules et μ leur masse; et pour les percussions perpendi- » culaires à l'axe

$$\left(1 - \frac{1}{3}\right)\mu n = \frac{2}{3}\mu n.$$

En posant $(U + V)$, j'ai admis implicitement que U, dans la section transversale de la veine, est le même que dans le réservoir ; or c'est là ce qui est *impossible.* Au moment où le gaz passe de la pression interne P_0 à la pression externe P_1, il s'opère une détente et un refroidissement ; U diminue donc, de quelque façon qu'on explique cinétiquement ce phénomène ; et cette diminution est même facile à exprimer algébriquement.

» Soit δ la densité ou le poids de l'unité de volume du gaz, la force vive représentée par » le mouvement des atomes perpendiculairement au plan sera

$$\frac{1}{3}\frac{\delta}{g}(U + V)^2 + \frac{\delta}{g}\left(1 - \frac{1}{3}\right)V^2.$$

» Comme nous devons ici admettre que la température est la même des deux côtés du » frappé, il est clair que, sur la face opposée au plan, et dans une étendue (ms) égale à » la section effective de l'orifice, la force vive des particules frappant le plan sera sim- » plement

$$\frac{1}{3}\frac{\delta}{g}U^2.$$

» La pression exercée sur le plan, ou le poids nécessaire pour faire équilibre au choc » sera donc :

$$p = \frac{\delta(ms)}{g}\left[\frac{1}{3}\left((U + V)^2 - U^2\right)\left(1 - \frac{1}{3}\right)V^2\right] = \frac{\delta(ms)}{g}\left[\frac{2}{3}UV + V^2\right].$$

» On voit que ce poids est une fonction de U, et par conséquent de la température absolue T, » puisque la vitesse a pour valeur (pour l'air au cas particulier)

$$U = 485^m \sqrt{\frac{T}{273}}. \text{ »}$$

Le fait qui nous a frappé dans cette démonstration, et qui a fait naître immédiatement dans notre esprit des doutes sur son exactitude est celui-ci : que le mouvement moléculaire du gaz n'y paraît considéré que comme un simple mouvement de translation, et non comme un mouvement vibratoire. Or, il n'en est pas ainsi, et la difficulté de la théorie

D'après la loi de WEISBACH, sur la validité de laquelle je vais revenir à l'instant, on aurait, pour l'air atmosphérique à 0° ou T = 272°,85, et pour une chute de pression $P_0 = P_1$

$$V = 755^m \sqrt{1 - \left(\frac{P_1}{P_0}\right)^7}.$$

cinétique des gaz consiste en effet à tenir compte des chocs que les particules gazeuses éprouvent mutuellement dans ce mouvement vibratoire.

Aussi ne nous proposons-nous nullement de rechercher quelle serait la véritable théorie par laquelle devrait être, en toute rigueur, remplacée celle de M. HIRN, et nous bornerons-nous à lui signaler, sous une forme aussi simple que possible, c'est-à-dire en faisant abstraction, comme lui, des chocs des molécules entre elles, la nature de notre objection.

Dans ce but, nous supposerons que la vitesse V de transport du gaz l'emporte sur la vitesse moyenne U de ses particules, vitesse qui correspond, comme on sait, à sa température.

Dans le mouvement vibratoire du gaz, nous devons admettre qu'il y a autant de particules qui se meuvent dans un sens que de celles qui se meuvent en sens contraire; sans quoi, l'égalité des pressions, exercées par un gaz sur les parois opposées du vase rectangulaire qui le renferme, serait inexplicable dans la théorie cinétique. La vitesse totale des premières particules sera $(V + U)$; celle des secondes, $(V - U)$; comme elles vont toutes choquer la plaque, leur force vive sera représentée, dans les notations de M. HIRN, par

$$\frac{1}{6}\frac{\delta}{g}\left\{(V+U)^2 + (V-U)^2\right\}.$$

Celle des particules qui vibrent parallèlement à la plaque est, du reste, $\frac{2}{3}\frac{\delta}{g}V^2$, et celle des particules de gaz situées de l'autre côté de la plaque $-\frac{1}{3}\frac{\delta}{g}U^2$, comme dans les expressions de notre confrère.

La somme des forces vives, qui était, pour lui $\frac{\delta}{g}\left(\frac{2}{3}UV + V^2\right)$, devient simplement, dans le cas dont nous nous occupons, égale à $\frac{\delta}{g}V^2$, c'est-à-dire à la force vive de courant gazeux, quelle que soit sa température.

Ce qui précède répond également aux critiques formulées par M. HIRN contre les résultats de la théorie cinétique appliquée au mouvement des gaz, résultats qui, d'après lui, ne concorderaient pas avec les formules de l'hydrodynamique.

Pour lui, en effet, cette théorie donnerait pour la vitesse du gaz $\sqrt{\frac{2}{3}UV + V^2}$ ou, plus généralement, $\sqrt{2\alpha UV + V^2}$, le facteur α dépendant du nombre des particules animées de la vitesse U. Or, ses expériences sont en contradiction absolue avec un semblable résultat, et

Mais nous avons pour le changement de température d'un gaz qui éprouve une telle chute de pression en rendant le maximum de travail externe :

$$T_1 = T_0 \left(\frac{P_1}{P_0}\right)^{\gamma}; \qquad \frac{T_1}{T_0} = \left(\frac{P_1}{P_0}\right)^{\gamma};$$

et d'un autre côté, nous avons aussi, d'après la théorie cinétique,

$$U_1 = U_0 \sqrt{\frac{T_1}{T_0}}; \qquad \left(\frac{U_1}{U_0}\right)^2 = \frac{T_1}{T_0}.$$

Il résulte de là

$$V = 735^{m} \sqrt{1 - \left(\frac{U_1}{U_0}\right)^2},$$

d'où, puisqu'à 0°, $U_0 = 485^{m}$,

$$V^2 + \left(\frac{735}{485}\right)^2 U^2 = \left(\frac{735}{485}\right)^2.$$

Par conséquent, si V s'accroît, U diminue et suivant un rapport bien déterminé. On ne peut donc pas poser $(U_0 + V)$ comme je l'avais fait.

établissent « que α n'a aucune valeur appréciable et que, par conséquent, ajoute-t-il (p. 112), » U est bien réellement nul, ou n'a pas d'existence réelle ».

D'après les équations que nous venons de poser, au contraire, U disparaîtrait dans l'expression de la force vive, qui concorderait ainsi avec les formules de l'hydrodynamique. Nous ferons observer, au surplus, que la théorie cinétique de Maxwell n'est pas le moins du monde en contradiction avec ces formules.

Nous voyons fort bien ce qu'il y a de trop spécial dans cette démonstration, quoiqu'il y soit partiellement tenu compte d'un élement essentiel que M. Hirn semble avoir négligé dans la sienne, le mouvement vibratoire du gaz. Mais si elle peut se généraliser, elle ne fera que confirmer les résultats obtenus par l'infatigable expérimentateur.

Il est vrai que cette confirmation serait peut-être pour lui une grande désillusion : la théorie cinétique des gaz, qu'il croit fort proche parente des doctrines matérialistes, ne serait pas renversée.

. . . .

Les remarques critiques de M. Folie m'ont conduit à un autre fait capital, en parfaite harmonie avec ces dernières conclusions.

La pression qu'exerce sur les parois d'un réservoir un gaz constitué cinétiquement, dépend à la fois de la vitesse absolue des molécules, propre à chaque température, et du nombre des molécules qui dans l'unité de temps frappent ces parois. A une même température, la pression est exclusivement proportionnelle au nombre de percussions qui ont lieu sur une même surface. — Si donc nous supposons un réservoir, d'abord ouvert, placé dans une atmosphère à P_0, une même étendue S de l'une des parois éprouvera évidemment intérieurement et extérieurement le même nombre de percussions, puisque la pression est la même de part et d'autre. Si maintenant nous fermons le réservoir et si nous portons successivement la pression à $2P_0$, $3P_0$, $4P_0$, le nombre des percussions sur la surface S s'élèvera successivement aussi de 1 à 2, à 3, à 4..... Si nous pratiquons au réservoir une ouverture de section S, en ayant soin de tenir la pression et la température constantes, il ne pourra absolument rien se modifier à la vitesse (de température) U. La surface, désormais *idéale,* S sera traversée ou frappée extérieurement par un nombre constant de molécules 1 et intérieurement elle le sera par un nombre 2, 3, 4..... Que les molécules se heurtent ou qu'elles ne se heurtent point, il n'y aura rien de changé aux choses. Dans le second cas, il en pénétrera dans le réservoir un nombre 1, tandis qu'il en sortira un nombre 2, 3, 4..... Dans le premier cas, les percussions feront *rebrousser* chemin ou du moins changer de direction à celles qui se heurtent, mais ce qui est évident, c'est que les molécules qui *veulent* entrer ne pourront frapper que leur propre nombre de celles qui *veulent* sortir; et il en sortira effectivement, sans changement, ni de direction, ni de vitesse, un nombre $(2-1)$, $(3-1)$, $(4-1)$, ... $(n-1)$. Cet excès seul se manifestera à nous sous forme de *vitesse sensible.* La vitesse apparente pour nous sera

$$V = \frac{(n-1)}{n} \cdot U_0,$$

ou, puisque n est proportionnel à P,

$$V = \frac{(P_0 - P_1)}{P_0} . U_0 .$$

Si $P_1 = 0$, c'est-à-dire si nous supposons que l'écoulement se fasse dans le vide, la vitesse sera visiblement U_0. Cette dernière conséquence a été mise en évidence pour la première fois par M. Fliegner, dans un beau Mémoire expérimental sur l'écoulement des gaz à de très fortes pressions. M. Fliegner, je me hâte de le dire, n'est point antagoniste de la théorie cinétique et il considère cette vitesse-limite comme fort possible.

A première vue et si nous partions de ce qui était connu jusqu'ici quant à la loi d'écoulement des gaz, cette limite de vitesse pour l'écoulement dans le vide n'aurait rien de choquant. La loi de Weisbach, en effet, qui n'est fondée sur aucune hypothèse cinétique, conduit aussi, comme nous avons vu, à une vitesse-limite. Cette limite pour l'air à 0° est à la vérité de 735^m et non de 485^m; mais on pourrait être porté à croire que dans l'équation de Weisbach, telle qu'on l'a employée, il se trouve certains termes sujets à caution. Bien que ceci ne soit guère soutenable, on ne serait pourtant pas en droit de faire à la Cinétique une objection sans réplique, basée sur la seule différence des deux nombres 735^m et 485^m.

Cette dernière considération m'a semblé de la plus haute importance; d'ailleurs j'avais dès l'origine des doutes sur l'exactitude de la loi de Weisbach, lorsqu'on l'étend à des différences de pression aussi énormes que celle qui existe, par exemple, quand l'air atmosphérique à 0^m,76 se jette dans un espace où il est extrêmement raréfié. Je me suis donc décidé à vérifier expérimentalement le fait de l'existence d'une vitesse-limite. L'exposé des expériences que j'ai déjà faites en ce sens, depuis que ce Mémoire a été présenté à l'Académie de Belgique, me mènerait trop loin; je pense pouvoir bientôt présenter les résultats sous forme d'un travail nouveau et spécial. Je puis toutefois, et je dois même en indiquer l'une des données les plus capitales.

L'appareil employé était extrêmement simple. — L'air sec était jaugé à l'aide du gazomètre, muni de son marqueur électrique, que j'ai longuement décrit. Par un orifice voulu, il se précipitait dans un grand réservoir (250^{lit}), où le vide avait été fait aussi bien que possible et qui était muni d'un manomètre à mercure dont les hauteurs, pendant l'afflux du gaz, étaient mesurées aussi à l'aide d'un marqueur électrique.

Le résultat frappant obtenu à l'aide de cet appareil et avec différentes espèces d'orifices (minces parois, cylindrique, conique convergent) a été : que pour des contre-pressions partant de $0^m,010$ et s'élevant graduellement jusqu'à $0^m,400$ dans le réservoir à raréfaction, l'abaissement du gazomètre est presque uniforme. En d'autres termes, les volumes d'air écoulés par seconde et pris à la température et à la pression du gazomètre étaient presque constants, quelle que fût la raréfaction à partir de $0^m,400$. Je dis : presque; je suis loin de dire en effet que ceci puisse être rigoureux; mais la diminution des volumes par unité de temps était si lente que les différences étaient noyées complètement par les petites fautes commises par l'instrument de mesure.

Pour un orifice conique, par exemple, dont l'ouverture était de $0^m,00795$ et dont la section effective était de $0^{m2},00004887$, le débit, sous une charge totale du gazomètre de $0^m,750$, était de $9^{lit},830$, quelque faible que fût la contre-pression initiale et jusqu'à ce que cette contre-pression eût atteint environ $0^m,400$. — Ceci nous donne, pour le gaz à $0^m,750$ et à $15^o,75$, une vitesse de $201^m,14$. Puisque le gaz qui se jette dans le réservoir se détend de $0^m,750$ à P_1, le volume qu'il prend s'élève à

$$W = W_0 \left(\frac{0,750}{P_1}\right)^{0,7092},$$

et par conséquent la vitesse réelle maxima de la veine est

$$V = V_0 \left(\frac{0,750}{P_1}\right)^{0,7092}.$$

En prenant $P_1 = 0$, on a :

$$V = \infty ;$$

mais en prenant même seulement la chute de $0^m,750$ à $0^m,010$ sur laquelle j'ai fait l'expérience, on trouve encore

$$V = 201,14 \left(\frac{0,750}{0,010}\right)^{0,7092} = 4266^{m\prime} ;$$

c'est-à-dire une vitesse de plus de 4200^m. — Ce qui ressort dès à présent de positif de mes expériences, c'est que la limite de vitesse donnée par l'équation de Weisbach n'existe pas.

Ce fait est capital quant à la théorie cinétique des gaz. On peut admettre que les atomes, les molécules, les particules constituent des masses matérielles, petites ou grandes, simples ou complexes, divisibles ou non divisibles à l'infini, en mouvement ou en repos dans leurs subdivisions infinitésimales, peu importe. Mais une condition formelle est imposée, c'est que ces masses, animées des mouvements de translation nécessaires pour expliquer la pression des gaz, soient absolument indépendantes entre elles pendant une période finie de leur trajet, période relativement très grande par rapport à la durée des chocs. Or il est absolument impossible que ces masses, ainsi indépendantes les unes des autres, prennent subitement une vitesse supérieure à leur vitesse initiale, une somme de force vive par conséquent plus grande aussi, par ce seul fait qu'on leur offre un espace plus grand où elles puissent se mouvoir. Soutenir le contraire serait aller droit contre les principes les plus élémentaires de la Mécanique rationnelle.

Si la limite de vitesse qu'implique la loi de Weisbach était réelle, on ne pourrait de ce côté rien arguer contre la théorie cinétique des gaz, la différence existant entre la limite donnée par cette loi et la vitesse-limite, donnée aussi par la Cinétique, fût-elle même assez notable; car on pourrait toujours être porté à croire que cette différence dérive de termes mal déterminés dans la fixation de l'une ou l'autre limite. — Mais cette limite n'existe pas et la vitesse que prennent les particules des gaz en se jetant dans un espace plus grand que le volume primitivement occupé par l'ensemble, est illimitée. Cette considération devient un argument mortel contre la Cinétique, telle qu'elle a été établie jusqu'ici.

Si l'on suppose les mêmes masses, douées d'ailleurs des mêmes attributs énoncés, mais rendues dépendantes les unes des autres, à quelque distance que ce soit, par une *puissance répulsive,* l'accroissement illimité de vitesse, dont nous parlons, devient non seulement une possibilité, mais une conséquence forcée de la constitution, ainsi conçue, d'un gaz.

---

§ IX.

Incompatibilité absolue existant entre la théorie cinétique de l'Espace stellaire et celle des atmosphères planétaires.

Le Soleil, dont la lumière et la chaleur rayonnante nous arrivent en moins de huit minutes, rayonne vers tout l'Espace environnant, non seulement jusqu'aux confins de notre petit monde planétaire, mais jusqu'aux confins, s'ils existent, du système stellaire entier. Les Étoiles nous envoient de même leur lumière à des distances telles qu'elle met des milliers d'années à nous parvenir.

L'Espace stellaire est donc rempli, à l'infini, d'un milieu capable du mouvement qui se manifeste à nous sous forme de lumière et de chaleur rayonnante. Ce milieu est répandu uniformément partout, car la lumière stellaire nous arrive sans éprouver en route aucune réfraction, aucune déviation, constatable expérimentalement.

Quelle est la nature de ce milieu?

C'est de la Matière diluée, répond forcément le Matérialisme, ou la Cinétique pure.

C'est de la Matière diluée, répondent, sans nécessité aucune, l'immense majorité des Physiciens modernes.

Dans un travail analytique que j'ai en œuvre, je démontre que certains phénomènes astronomiques nous permettraient de reconnaître la présence de 1 kilogramme de matière répandue dans un espace d'un milliard de milliards de mètres cubes : et que cet espace est encore une limite inférieure.

Cette excessive rareté, dira-t-on, n'est pas un obstacle dans l'interprétation des phénomènes luminiques. — On se contente de peu dans certaines Écoles, pourvu que ce peu s'appelle de la Matière. — Passons donc outre.

Comment est constituée cette Matière, désormais bien hypothétique? Sont-ce encore des atomes indépendants les uns des autres qui remplissent ainsi l'Espace? Si petits qu'on les suppose, et pourvu qu'on n'en fasse pas des points géométriques (centres de rien du tout, puisqu'il n'existe qu'eux), leurs distances doivent pourtant devenir appréciables. Comment expliquer que ces atomes d'un kilogramme de matière, éparpillés dans un volume d'un milliard de kilomètres cubes, soient disposés uniformément dans l'Espace, et toujours prêts à se heurter, de façon à constituer une onde lumineuse, qui, comme on sait, se mesure par millionièmes de millimètre? — Personne, je pense, ne m'en voudra si je dis que c'est perdre son temps que d'examiner sérieusement de pareilles hypothèses. Jamais physicien, jamais mathématicien, ne construira une onde lumineuse sans recourir à un milieu élastique, parfaitement élastique, jusque dans ses subdivisions infinitésimales. Si ce sont des atomes matériels qui vibrent dans ce milieu, il faut donc qu'ils soient rendus solidaires par une PUISSANCE DYNAMIQUE qui les relie. L'Espace stellaire tout entier serait ainsi rempli par une espèce de gaz extrêmement rare, gaz qui n'est plus constitué cinétiquement, puisque ses atomes ne vibrent *qu'accidentellement*. Mais ce gaz, dont les parties peuvent être en repos, est répandu dans nos atmosphères planétaires tout aussi bien que dans l'Espace stellaire, puisque ce sont ses vibrations qui constituent pour nous les phénomènes de lumière et de chaleur rayonnante, puisque si c'étaient les atomes de l'air atmosphérique qui par leurs mouvements affectent le caractère de lumière, la transmission de cette lumière deviendrait une fonction de la vitesse d'impulsion. — Comment alors expliquer que les atomes de l'air, indépendants les uns des autres et doués de mouvements de translation *nécessaires*, puissent coexister avec ceux du gaz interstellaire, rendus tous dépendants par une Force d'élasticité? Si j'ai su m'énoncer clairement, chacun sera forcé de dire qu'il existe ici tout à la fois une incompatibilité comme principe de Mécanique et une impossibilité physique.

Le prétendu gaz interstellaire est devenu d'autant plus rare que la Mécanique céleste a fait plus de progrès; le retard des deux comètes périodiques, dans lequel on avait cherché la preuve positive de l'existence d'une résistance matérielle, s'explique parfaitement sans recourir à cette dernière; il y a bien plus, la marche même de ce retard est en contradiction absolue avec les effets que produirait réellement une résistance. — N'est-il dès lors pas infiniment plus logique d'attribuer les phénomènes dits des impondérables dans tout leur ensemble à l'Élement dynamique lui-même, auquel on est pourtant *forcé* d'avoir recours pour constituer un milieu capable, par exemple, de vibrations luminiques? — N'est-il pas infiniment plus logique de chercher la cause de l'élasticité des gaz, et celle de tous les corps dans cet Élément?

---

§ X.

Conclusions finales.

Dans tout le cours des discussions qui précèdent, j'ai cherché à donner à mon exposé la forme la plus claire et la plus simple possible. Plus d'un de mes lecteurs aura été étonné de voir ramener à un niveau très accessible des problèmes qu'on est dans l'habitude de reléguer dans la Philosophie transcendante ou que l'on ne croit résolubles que par les hautes Mathématiques. Quelques-uns, je l'espère, me sauront gré de l'effort que j'ai dû faire pour arriver à ce résultat. Il m'a semblé que des questions qui, dans leurs conséquences les plus naturelles, touchent en quelque sorte à la destinée de l'homme en ce monde, doivent être rendues abordables au grand nombre des esprits cultivés. Si ce but ne pouvait être atteint effectivement, ces questions resteraient de pures spéculations de curiosité et perdraient leur intérêt et leur utilité réelle.

La Cinétique pure, qui répond au Matérialisme scientifique le plus radical, mais aussi le plus logique, peut être considérée comme définitivement réfutée. — Je ne sais si beaucoup de matérialistes seront convaincus et convertis. Dirons-nous cependant avec M. Folie : aucun? Ce serait être, je l'espère du moins, injuste. Il y a sans doute dans toutes les Écoles, sans exception, des adeptes qui ont pour devise : *Credo, et si absurdum.* Mais l'École matérialiste telle qu'elle s'est affirmée ouvertement en Allemagne et tacitement en France compte incontestablement des hommes éminents qui cherchent sincèrement la vérité, et s'ils persévèrent dans leurs opinions, c'est peut-être parce qu'on n'a pas su, scientifiquement, leur proposer quelque chose de rigoureux.

J'ai montré nettement en quoi la Cinétique pure diffère des diverses théories cinétiques par lesquelles des mathématiciens éminents ont de nos jours cherché à expliquer, dans leur ensemble, les phénomènes dits des impondérables. Je crois avoir répondu nettement aussi aux remarques que m'a présentées M. Folie. Les objections que j'ai faites à la Cinétique des gaz (n'importe laquelle) subsistent dans leur intégrité ; mais j'y en ai ajouté plusieurs autres qui depuis longtemps pouvaient être faites en dehors de mes dernières expériences.

Je me permets une réflexion finale, dût-elle étonner quelques-uns de mes lecteurs. Aucune équation algébrique ne saurait démontrer la vérité absolue de telle ou telle hypothèse explicative, relative aux phénomènes naturels. S'il en était autrement, nous n'aurions pas quatre Cinétiques passablement différentes entre elles, quant à la seule explication de la constitution des gaz. Les Mathématiques ne peuvent, puissance immense d'ailleurs, que nous révéler l'accord qui existe entre une hypothèse que nous imaginons à l'avance et un nombre plus ou moins grand de phénomènes. Quand nous cherchons à remonter à la nature des choses, elles ne peuvent, puissance plus grande encore, que nous aider à constater ce que cette nature n'est pas : ainsi, appliquées à l'étude du milieu interstellaire, elles nous apprennent les qualités qui lui manquent pour recevoir le nom de *milieu matériel*. Ainsi, au cas particulier où nous sommes placés, quand bien même telle Cinétique suffirait provisoirement à l'explication de l'ensemble des phénomènes que présente un gaz, quand j'aurais commis faute sur faute dans les objections que j'ai faites (ce qui fort heureusement n'est prouvé pour aucune d'entre elles), il n'en résulterait encore aucunement que cette Cinétique soit démontrée mathématiquement et qu'elle soit autre chose qu'une image commode pour la représentation des choses. Si au contraire un seul des phénomènes est en opposition formelle avec l'explication cinétique, celle-ci tombe, de par les Mathématiques mêmes.

Je pourrais proclamer que l'interprétation dynamique à laquelle est réservé l'avenir sort déjà aujourd'hui triomphante de la discussion. Mais le scepticisme, qui m'a fait à l'origine même douter de la vérité des théories que j'ai attaquées, se retourne contre moi-même et me rend beaucoup plus circonspect dans l'affirmation de ce qui me semble vrai. Au lieu de me déclarer emphatiquement vainqueur dans une lutte qui, j'espère, n'aura pas même lieu, je me borne, provisoirement et fort modestement, à dire :

Nundum victus.

www.ingramcontent.com/pod-product-compliance
Ingram Content Group UK Ltd.
Pitfield, Milton Keynes, MK11 3LW, UK
UKHW022132190726
13855UKWH00003B/1110